EL CEREBRO

Manual del usuario

MARCO MAGRINI

Epílogo de Tomaso Poggio

EL CEREBRO

Manual del usuario

*Guía simplificada de la máquina
más compleja del mundo*

EDICIONES OBELISCO

Si este libro le ha interesado y desea que le mantengamos informado
de nuestras publicaciones, escríbanos indicándonos qué temas son de su interés
(Astrología, Autoayuda, Psicología, Artes Marciales, Naturismo,
Espiritualidad, Tradición…) y gustosamente le complaceremos.

Puede consultar nuestro catálogo en www.edicionesobelisco.com

*Los editores no han comprobado la eficacia ni el resultado de las recetas,
productos, fórmulas técnicas, ejercicios o similares contenidos en este libro.
Instan a los lectores a consultar al médico o especialista de la salud ante
cualquier duda que surja. No asumen, por lo tanto, responsabilidad alguna
en cuanto a su utilización ni realizan asesoramiento al respecto.*

Colección Salud y Vida natural
EL CEREBRO
Marco Magrini

1.ª edición: septiembre de 2021

Título original: *Cervello. Manuale dell'utente*

Traducción: Manu Manzano
Maquetación: *Isabel Also*
Corrección: *TsEdi, Teleservicios Editoriales, S. L.*
Diseño de cubierta: *Enrique Iborra*

© 2017, Giunti Editore S.p.A.
Derechos de la edición en español negociados a través de Oh! Books Literary Agency
(Reservados todos los derechos)
© 2021, Ediciones Obelisco, S. L.
(Reservados los derechos para la presente edición)

Edita: Ediciones Obelisco, S. L.
Collita, 23-25. Pol. Ind. Molí de la Bastida
08191 Rubí - Barcelona - España
Tel. 93 309 85 25
E-mail: info@edicionesobelisco.com

ISBN: 978-84-9111-775-9
Depósito Legal: B-11.418-2021

Impreso en los talleres gráficos de Romanyà/Valls S. A.
Verdaguer, 1 - 08786 Capellades - Barcelona

Printed in Spain

Para Jaja y Lilli

AGRADECIMIENTOS

En 2013, cuando mi cerebro decidió terminar su experiencia con el periódico *Il Sole 24 Ore* después de veinticuatro años, sintió el deseo de explorar el tema de la inteligencia artificial. Así que le pedí ayuda al profesor Tomaso Poggio, uno de los padres de la neurociencia computacional, al que conocí unos meses antes en una entrevista. Tuvo la amabilidad de acogerme durante tres meses en su laboratorio del Instituto Tecnológico de Massachusetts y entablar amistad conmigo.

En esos días, inmerso en los mecanismos de la inteligencia como nunca lo había estado antes, el citado cerebro produjo un pensamiento de forma completamente automática: «Tenemos un manual para todo, desde la nevera hasta el cepillo de dientes eléctrico, pero no para la máquina más importante que poseemos». Allí nació la idea de este libro, desarmante en su banalidad.

Por eso el primer agradecimiento es para Tommy, como lo llaman todos. El segundo es para su esposa Barbara Venturini-Guerrini, que además de hospedarme como si fuera una hermana, leyó este libro mientras yo lo escribía (ella es neuropsicóloga), dándome consejos y la dosis adecuada de dopamina para mi motivación.

El siguiente agradecimiento es para los otros cuatro amigos que formaron mi grupo de lectura de confianza: Maria Briccoli Bati (neurofisióloga), Valeria Marchionne (editora), Miriam Verrini (periodista) y Pietro Tonolo (músico).

Gracias a Todd Parrish y Daniele Procissi, profesores de la Universidad Northwestern en Chicago, por las explicaciones sobre la tecnología fMRI (y por mostrarme los alrededores). Gracias al profesor Andrea Camperio Ciani de la Universidad de Padua por sus consejos sobre los modelos cerebrales. Gracias a «mi» editora Veronica Pellegrini. Gracias a Laura Venturi por el diseño y la paciencia.

Gracias por el aliento y también los debates (sin ningún orden en particular) para Anna y Alberto Miragliotta, Anna y Piergiorgio Pelassa, Annalisa y Andrea Malan, Valentina y Aldo Gangemi, Maurizio Bugli, Alex Jacopozzi, Monica Mani, Cesare Peruzzi, Graeme Gourlay, Annamaria Ferrari, Eleonora Gardini, Marco Pratellesi, Patrizia Guarnieri, Luca Magrini, Giuditta Gemelli, Pierre de Gasquet, Celio Gremigni, Alessandro Bronzi, Piero Borri, Massimo Ercolanelli, Francesco Maccianti y muchos más, incluidos mis leales compañeros de clase y mis hijos Jacopo y Carolina, a quienes está dedicado este libro.

Un recuerdo especial para Marco Lamioni, músico refinado y hombre amable, que se divirtió mucho escuchándome hablar de este libro sobre el cerebro, a pesar del mal que lo atacó allí mismo.

PARA EMPEZAR

Felicitaciones por la compra de este producto exclusivo, hecho a tu medida. Lee este manual detenidamente y tenlo a mano para consultarlo en cualquier momento.

Tu cerebro te ofrece un servicio extraordinario e irrepetible. La disponibilidad simultánea de un sistema sensorial para la percepción del entorno, de un sistema nervioso para el control del aparato motor, así como de una conciencia integrada para discernir y decidir, te otorgarán años de existencia continua.

Como dijo el famoso inventor Thomas Alva Edison, «El cuerpo sirve para transportar el cerebro». Una forma extraña de decir que somos nuestro cerebro.

El mundo está poblado de millones de manuales. En el sitio web www.manualsonline.com hay más de 700 000, uno para cualquier máquina que tengas: desde la freidora hasta la cortadora de césped, desde el cepillo de dientes eléctrico hasta la puerta del garaje. Sin embargo, en este microcosmos de información insignificante, no se menciona la máquina más importante que poseemos todos.

El cerebro es una máquina, al menos en el sentido de que realiza una compleja serie de cálculos en paralelo para decodificar en tiempo real la información que llega de los numerosos «periféricos» sensoriales conectados, el más complejo de los cuales es la vista. La respuesta del cerebro se puede comparar a un algoritmo, como si la mente fuera el *software* que se «ejecuta» en el *hardware* del cerebro.

Pero el cerebro no es una máquina en el sentido literal. No es ni *hardware* ni *software*. «*Wetware*», lo ha llamado alguien. Donde ese «*wet*», húmedo, subraya la naturaleza biológica de la máquina cerebral.

Es el fruto más maravilloso y misterioso de la evolución.

Es maravilloso porque no hay nada en todo el universo que pueda igualarlo en complejidad. Sin embargo, está hecho de los mismos átomos de la Tabla Periódica que componen las estrellas, dispuestos pacientemente para producir pensamiento, palabra y acción. Y muchas otras cosas: desde la historia hasta la filosofía, desde la música hasta la ciencia.

Es misterioso porque la ciencia misma, una creación del propio cerebro, sabe que todavía no sabe lo suficiente. Es decir, casi nada.

No sólo no se conoce cómo funciona el cerebro, sino que tampoco hay consenso sobre qué es realmente. Imagínate que haya un acuerdo sobre lo que es la conciencia, su rasgo más asombroso, la propiedad cerebral que ha provocado siglos de malentendidos y debates encrespados, y no sólo entre teólogos y filósofos. Por ejemplo, no hay un acuerdo unánime ni siquiera sobre esa frecuente pérdida de conciencia llamada sueño: hay más de veinte teorías alternativas sobre por qué el cerebro necesita quedarse dormido (aunque, mientras tanto, sigue funcionando). De hecho, tampoco existe consenso sobre la naturaleza de los trastornos del sueño y algunas consecuencias no deseadas, como la depresión. Y, obviamente, sorpréndete, no existe un enfoque o una idea común sobre la depresión. Y podría continuar así de forma indefinida. De todos modos, sabemos muchas cosas.

Los primeros filósofos se preguntaron si la mente residía en el cerebro o en el corazón, con exponentes autorizados como Aristóteles, que se inclinaba hacia el segundo. Hoy sabemos que el cerebro es el centro de control del sistema nervioso de todos los vertebrados y de la mayoría de los invertebrados. Sabemos a través de qué etapas ha evolucionado. Sabemos de qué está hecho. Sabemos que contiene el código genético en cada célula y sabemos cómo leerlo. Contamos con nuevas tecnologías, como la fMRI (resonancia magnética funcional) o la MEG (magnetoencefalografía), que nos permiten observar las actividades cognitivas a medida que ocurren. Estamos avanzando a una velocidad vertiginosa en la comprensión retrospectiva de todo el sistema.

El manual de un refrigerador es elaborado por el fabricante del refrigerador. Con el cerebro, que es el resultado de una evolución que ha durado millones de años, sólo las pistas reconstruidas por generaciones de cerebros humanos resolverán finalmente el misterio. Es la inteligencia la que intenta entenderse a sí misma, como si fuera ésta la inevitable evolución de la Evolución.

Un manual completo de todo lo que sabemos sobre el cerebro, o creemos que sabemos, sería monumental y sólo un neurocientífico podría consultarlo. Este manual, este libro, en cambio, es para el usuario común de un cerebro humano. Es una colección de simplificaciones de lo más complejo que existe, pero, con suerte, de alguna utilidad para el uso práctico diario del cerebro.

«Si el cerebro humano fuera tan simple de entender, seríamos tan simples que no podríamos entenderlo», dice una cita famosa, tan famosa que se atribuye al menos a tres autores diferentes.[1]

Sin embargo, estamos convencidos de que al final la humanidad tendrá éxito. Es sólo cuestión de tiempo. No mañana, pero dentro de 20, 100 o 200 años, el cerebro de los *Homo sapiens* llegará a comprender el cerebro. Pero habremos tardado, desde el comienzo de su aparición evolutiva, unos cientos de siglos.

Tampoco este manual, como el de cualquier otro producto, mira ni al pasado lejano de nuestra ignorancia ni al futuro lejano de un conocimiento inescrutable hoy en día. Trata de lo que realmente se puede hacer con un cerebro humano en el presente: es decir, mucho, mucho más de lo que piensas.

Los avances de la tecnología, pero también la extraordinaria cantidad de descubrimientos de los últimos veinte años, confirman cada

---

1. La cita fue atribuida a Emerson Pugh por su hijo George, en su libro *The Biological Origin of Human Values*. Pero también se ha atribuido a Larry Chang, en el libro *Wisdom for the Soul*, y al matemático Ian Stewart.

día la intuición de Santiago Ramón y Cajal, uno de los padres de la neurociencia: «Todo ser humano, si se inclina a hacerlo, puede ser el escultor de su propio cerebro».

Es bueno que tu cerebro, como el de cualquier otro usuario, sepa cómo y por qué.

1.0 DESCRIPCIÓN GENERAL

Cada segundo que pasa, incluido éste, tu sistema nervioso central funciona como laboratorio de millones de reacciones químicas que tú, sin embargo, ni siquiera notas. Son el lenguaje que utiliza el cerebro para recibir, procesar y transmitir información.

El cerebro ha sido concebido durante mucho tiempo como una máquina. Como toda idea es hija de su tiempo, René Descartes la comparó con una bomba hidráulica, Sigmund Freud con una máquina de vapor y Alan Turing con un ordenador. Como puedes imaginar, Turing es el que más se acerca a la idea. El cerebro no es exactamente un ordenador, pero la analogía entre los dos es innegable. Ambos transmiten información mediante mensajes eléctricos.

Es cierto que en el ordenador los mensajes son digitales (expresados en la matemática binaria de ceros y unos) y que en el cerebro son analógicos (expresados en un arco variable de milivoltios). Pero la pregunta es más compleja, porque si la suma de los mensajes analógicos supera un cierto nivel, la neurona se «dispara» y transmite un impulso eléctrico a las neuronas conectadas. Si, por el contrario, no se supera el nivel, no pasa nada. Éste también es un mensaje binario: sí o no, encendido o apagado. [▸34]

Ambos calculan. Pero si el ordenador tiene una estructura en serie, es decir, calcula de acuerdo con una secuencia preordenada, el cerebro opera en modo paralelo, realizando una gran cantidad de cálculos simultáneamente. [▸108] Por otro lado, los microprocesadores para aplicaciones gráficas (llamados GPU) ya adoptan tecnología paralela.

Ambos necesitan energía: el ordenador en forma de electrones, el cerebro en forma de oxígeno y glucosa. [▸95]

Ambos tienen memoria ampliable: en el caso del primero, basta con agregar o reemplazar bancos de memoria de silicio; para el segundo, basta con multiplicar las conexiones sinápticas mediante el estudio, el ejercicio y la repetición. [▸77]

Ambos han evolucionado con el tiempo: el ordenador a un ritmo exponencial, duplicando su capacidad de cálculo cada dos años, mientras que el cerebro del *Homo sapiens*, que evolucionó del cerebro primitivo de los invertebrados primitivos, tardó 500 millones de años y, en los últimos 50 000 no ha cambiado mucho. De hecho, es el mismo modelo básico que tienes tú, amable usuario. [▸49]

Durante siglos y milenios se ha creído que el cerebro humano, a excepción del período de la infancia, cuando aprendemos a hablar y caminar, era esencialmente estático e inmutable. Un daño físico al cerebro era imposible de reparar, ni siquiera en parte. Es decir, un niño atrasado en sus estudios tendría que lidiar con limitaciones cognitivas insuperables, alimentando así generaciones y generaciones de desigualdades sociales. Se creía que los malos hábitos y las adicciones eran cargas que llevar de por vida, o que una persona de ochenta años no podía conservar la memoria de una de cincuenta.

En cambio, en la década de 1970 descubrimos que lo contrario es cierto: el cerebro está en constante cambio. De hecho, el cambio es la base misma de sus mecanismos. Los efectos de esta propiedad, también llamada «plasticidad cerebral», van más allá de lo imaginable. El cerebro es un ordenador potente, asincrónico y paralelo pero que, además, es capaz de reajustar su propio *hardware* por sí mismo. El *hardware* del cerebro, formado por átomos y moléculas ingeniosamente dispuestos, agrupa a 86 000 millones de neuronas en un kilo y medio de cerebro. Dado que cada neurona puede disparar e inundar con señales a miles de neuronas adyacentes hasta 200 veces por segundo, algunos han estimado que el cerebro puede realizar hasta 38 millones de billones de operaciones por segundo. Esa historia de que los humanos sólo usan el 10 % de su cerebro es una mentira. Pero lo verdaderamente impresionante es que logra hacer todo eso sin consumir ni siquiera 13 vatios por hora. Ningún ordenador en el mundo puede superar la potencia informática de un cerebro humano (la vista, el oído o la imaginación también son «cálculos»), y mucho menos su extraordinaria eficiencia energética. Y esto es sólo el comienzo.

Casi todas las células del cuerpo humano nacen y mueren incesantemente. Todas excepto las neuronales, las únicas que te acompañan en el camino de la existencia, desde el primer día de tu vida hasta el último. [▸219]

A fin de cuentas, son ellas las que producen lo que eres tú. Personalidad, habilidades y talento, erudición y vocabulario, inclinaciones y gustos, incluso los recuerdos del pasado están de alguna manera escritos en la arquitectura neuronal personal. [▸156] Tan personal que no hay otro cerebro como el tuyo en el mundo, ni siquiera si tienes un gemelo o una gemela.

Pues bien, la mencionada máquina incluso es capaz, dentro de ciertos límites, de corregir los defectos de su *hardware*. Cuando un área del cerebro se daña accidentalmente, el cerebro a menudo puede reprogramarse a sí mismo, mover los eslabones faltantes a otra parte y, esencialmente, repararse a sí mismo. Y si esto ocurre a veces a gran escala (como en el caso de la pérdida de visión, cuando las áreas del cerebro no utilizadas se ponen al servicio de otros sentidos), ocurre continuamente a pequeña escala porque, con el envejecimiento, muchas neuronas mueren y nunca se recuperan. Pero las que quedan con vida saben cómo reagruparse para que la edad avanzada no tenga consecuencias fatales. [▸233] No ocurre lo mismo con un procesador de silicio, en el que un solo transistor defectuoso puede apagarlo todo. Sin embargo, cuando se trata de reorganizar las sinapsis, los 150 billones de conexiones entre neuronas, el cerebro no lo entiende como enfrentarse a una emergencia. Simplemente lo hace, y lo hace de manera espontánea.

La influencia de una neurona en cada una de los cientos de neuronas conectadas puede ser muy fuerte, muy débil o en cualquier grado intermedio, dependiendo de la solidez y fuerza de cada sinapsis. También hay una especie de regla, enunciada por el científico canadiense Donald Hebb en 1949: «Las neuronas que se disparan juntas, permanecerán conectadas». Las neuronas que se activan juntas se emparejan y fortalecen el vínculo mutuo. Así es como el cerebro se reorganiza continuamente: creando nuevas sinapsis, fortaleciendo las viejas, eliminando las que ya no son necesarias. [▶91] Un gran número de funciones cerebrales, empezando por el aprendizaje, dependen de este constante ajuste de las conexiones sinápticas y de su fuerza y solidez. En resumen, al contrario de lo que se ha creído durante siglos, el cerebro humano es todo menos estático e inmutable:

- En algunos casos puede repararse solo.
- Un niño «retrasado en los estudios» puede aprender a aprender. Simplemente enséñale cómo hacerlo y, en lugar de mortificarlo, anímalo. [▶169]
- Cualquier mal hábito, por desagradable o venial que sea, puede abandonarse. Incluso la adicción severa, como la ludopatía, se puede controlar y someter. [▶201]
- Una anciana puede conservar la memoria de una adulta joven si no deja de aprender y de esforzarse mentalmente. [▶224]
- Por otro lado, incluso una condición de estrés prolongado, o incluso un síndrome de estrés postraumático, produce en las conexiones cerebrales cambios no deseados y a largo plazo. [▶204]

Advertencia: en algunos casos, un funcionamiento imperfecto de la máquina cerebral puede implicar patologías u otras respuestas no deseadas que están más allá del ámbito meramente informativo de este manual y que requieren el asesoramiento y cuidado de profesionales especializados. [▶208]

El usuario de un cerebro funcional puede descubrir que, casi siempre a través de un acto de voluntad, es capaz de modificar, ajustar y afinar, al menos en parte, su propia configuración sináptica. Lo que entonces, en pocas palabras, significa la propia vida.

A la espera de un encuentro con algún extraterrestre de inteligencia superior, el cerebro del *Homo sapiens* sigue siendo la cosa más compleja, asombrosa y fantástica del universo. Es la complejidad lo que hace que esas neuronas sean capaces de producir pensamiento, inteligencia y memoria, todo a la medida de cada usuario. Es asombroso que una máquina tan biológica supere con creces a todas las máquinas del mundo en términos de capacidad y eficiencia computacionales. Es fantástico darse un paseo por sus vericuetos.

1.1 ESPECIFICACIONES TÉCNICAS

Peso (promedio)	1350	gramos
Peso comparado con el peso corporal total	2	por ciento
Volumen (promedio)	1700	mililitros
Longitud (promedio)	167	milímetros
Ancho (promedio)	140	milímetros
Altura (promedio)	93	milímetros
Número promedio de neuronas	86 000	millones
Diámetro de las neuronas	4-100	micrones
Potencial eléctrico de las neuronas en reposo	-70	milivoltios
Bombas de sodio por neurona	1	millón
Número de sinapsis	>150 000	billones
Relación materia gris/materia blanca en la corteza	1:1,3	
Relación neuronas/células gliales	1:1	

Número de neuronas en la corteza cerebral (en mujeres)	19,3	1000 millones
Número de neuronas en la corteza cerebral (en hombres)	22,8	1000 millones
Pérdida de neuronas en la corteza	85 000	al día
Longitud total de fibras mielinizadas	150 000	kilómetros
Área total de la corteza cerebral	2500	centímetros cuadrados
Número de neuronas en la corteza cerebral	10 000	millones
Número de sinapsis en la corteza cerebral	60 000	millones
Capas de la corteza cerebral	6	
Espesor de la corteza cerebral	1,5-4,5	milímetros
Volumen de líquido cefalorraquídeo	120-160	mililitros
pH del líquido cefalorraquídeo	7,33	
Número de nervios craneales	12	
Flujo de sangre	750	mililitros/seg.
Consumo de oxígeno	3,3	mililitros/min.
Consumo de energía	>12,6	vatios
Velocidad máxima de los impulsos eléctricos	720	kilómetros/hora
Temperatura de funcionamiento	36-38	grados Celsius

1.2 VERSIÓN DEL SISTEMA

Este cerebro es la versión 4.3.7 (G–3125)[1] de un sistema nervioso cuidadosamente desarrollado durante cientos de millones de años de refinamientos genéticos, para proporcionar una experiencia completa de la vida humana en este planeta.

Para obtener orientación sobre las actualizaciones (actualmente no disponible), consulta la sección Versiones futuras. [▸241]

---

1. La versión 4.3.7 (G-3125) se compone de la siguiente manera:
   4 = invertebrados / vertebrados / mamíferos / primates
   3 = homínidos / australopitecos / *Homo*
   7 = *Homo habilis* / *Homo ergaster* / *Homo erectus* / *Homo antecessor* / *Homo heidelbergensis* / *Homo sapiens* / *Homo sapiens sapiens*
   G-3125 = número de generaciones (estimado) desde la llegada del cerebro del hombre moderno (*Homo sapiens sapiens*) hasta tu cerebro.

2.0 COMPONENTES

Anatómicamente, tu cerebro aparece como uno, aunque no lo es. A menudo se idealiza como una red de neuronas, pero es una simplificación excesiva. Podríamos decir, en todo caso, que se trata de una red de redes de redes.

Cada célula del cerebro podría verse como una microscópica red fundamental, regida por las instrucciones genéticas que contiene y operada por millones de canales iónicos, bombas de sodio-potasio y otros dispositivos químicos que regulan el potencial de membrana, o la diferencia de voltaje entre el interior y el exterior. Pero la realidad es que, por sí sola, esa única unidad de cálculo sería inútil. La neurona expresa toda su fuerza junto con otras neuronas.

No es casualidad que la información no se encuentre en las células cerebrales, sino en las conexiones entre ellas, las sinapsis. [▶31]

Normalmente, una neurona puede tener miles de enlaces con otras tantas neuronas postsinápticas en fases posteriores. Las neuronas adyacentes están organizadas en núcleos, unidades funcionales; por ejemplo, sólo en el hipotálamo, que es del tamaño de una almendra, hay más de quince, cada uno con sus propias tareas, o se conectan en una cadena para formar los circuitos cerebrales que controlan determinadas funciones de tu cerebro, como con el sueño o la atención. Y así como muchas neuronas forman un circuito, muchos circuitos unen sus fuerzas para producir resultados dispares, como el lenguaje o la empatía. Es esta monumental red de redes la que genera la conciencia y la inteligencia. [▶84]

El sistema no sería tan eficiente si no fuera por otra red paralela, con la que está íntimamente emparejado: la de las células gliales [▶41] que nutren, oxigenan y limpian las neuronas y que, sobre todo, regulan la extraordinaria velocidad de los axones, las autopistas neuronales de largo recorrido, recubriéndolos con una grasa blanquecina llamada mielina, que en pocas palabras, se ocupa de amplificar la señal. La corteza cerebral, que, a diferencia de los núcleos, está organizada en seis capas jerárquicas, debe su eficacia a la alta velocidad de las señales a grandes distancias. Sólo fíjate en que la longitud total de las fibras mielinizadas de tu cerebro (comenzando con la abundante materia blanca que conecta los dos hemisferios, el cuerpo calloso) se estima en unos 150 000 kilómetros. Casi cuatro veces la circunferencia de la Tierra en el ecuador.

Se podría agregar que, en esta red de monstruosa complejidad, juegan en equipo el hemisferio derecho y el hemisferio izquierdo (que regulan las partes opuestas del cuerpo), los cuatro lóbulos y diferentes áreas funcionales de la corteza (que orquestan el pensamiento y las funciones ejecutivas), y luego nuevamente todos los demás componentes de la máquina cerebral, cada uno caracterizado por la cantidad y la calidad de las neuronas que alberga, todas en su lugar, con su jerarquía y su misión. En otras palabras, la red cerebral está formada por múltiples subredes.

La Gran Pirámide de Giza, la Mona Lisa, el Réquiem de Mozart, los descubrimientos de la Gravedad o de la Evolución natural son sólo algunos ejemplos de las maravillas que pueden producir las neuronas cuando se organizan en la superred de la mente humana.

2.1 NEURONAS

Según algunas estimaciones, un ser humano masculino de peso medio está compuesto por unos 37 billones de células. Entonces, ya sea una mujer delgada o un joven robusto, para construir un espécimen humano como tú, se necesita una cantidad exorbitante de ladrillos biológicos. Sin embargo, entre ese caos de huesos y glóbulos, hígado y piel, hay un grupo que se sale del coro: el de las neuronas.

Los componentes básicos del cerebro tienen propiedades asombrosas. Para empezar, son eléctricamente excitables y, en una intrincada red de cientos de billones de conexiones, los impulsos eléctricos y químicos se transmiten a cientos de kilómetros por hora y en el lapso de unos pocos milisegundos.

Se estima que en tu cerebro hay 86 000 millones de neuronas,[1] que te acompañan desde el nacimiento hasta la muerte: a diferencia de todas las demás células, la gran mayoría de las neuronas sobreviven durante toda tu existencia. [▶219] Es la transmisión de información electroquímica a través de una intrincada red de células cerebrales lo que te permite, en este mismo momento, leer y comprender. Esta red es la que te permite crear recuerdos, ideas, sentimientos. Y mucho más.

El cuerpo central de la neurona, llamado «soma», es de tamaño infinitesimal (el más pequeño mide 4 micrones, 4 millonésimas de metro de ancho), pero en algunos casos la célula puede extenderse muchos centímetros, por lo tanto, decenas de miles de veces más. Estas extensiones de larga distancia se llaman «axones»: cada neurona tiene un solo axón que, como si fuera un cable transmisor, lleva la información fuera de la célula a otras neuronas.

Exactamente en el lado opuesto, hay otras extensiones a distancias más cortas, las llamadas «dendritas»: una neurona tiene múltiples dendritas con una forma extremadamente ramificada que, como si estuvieran recibiendo cables, interceptan información y la transportan al interior de la célula.

Las neuronas pueden adoptar muchas formas diferentes (hay más de doscientos tipos), pero las diferencias más significativas residen en las funciones que realizan dentro de la red cerebral. Las neuronas senso-

---

1. Muchos libros informan la cifra de 100 000 millones de neuronas como un número aproximado. Según un estudio de 2009 (Frederico Azevedo, Suzana Herculano-Houzel y otros, «Equal numbers of neuronal and nonneuronal cells make the human brain an isometrically scaled-up primate brain»), es un 14 % menor.

riales (también llamadas «neuronas aferentes», que «llevan adentro») reciben señales entrantes de órganos como los ojos y tejidos como la piel al sistema nervioso central. Las neuronas motoras, por otro lado (o eferentes, que «llevan afuera») transportan señales de tipo motor desde el sistema nervioso central a los órganos periféricos, hasta los dedos de los pies, a través de la columna. Y las interneuronas, es decir, todas las demás, producen la maravilla de la inteligencia a través de una red de conexiones monumentalmente intrincada.

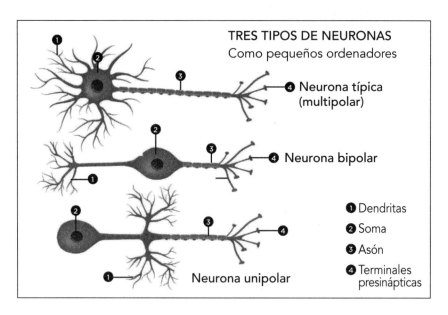

En el cerebro del *Homo sapiens*, el número de estas sinapsis es enorme. La sinapsis está compuesta por el terminal transmisor y el terminal receptor, así como por el espacio infinitesimal entre los dos, llamado «valle sináptico».

El lenguaje de las neuronas es generado por una serie de moléculas diferentes, los neurotransmisores, [▸33] que se ponen en movimiento por orden de la célula.

El orden proviene de los potenciales de acción, variaciones de algunos milisegundos en el voltaje eléctrico que atraviesa la célula, que desencadenan la liberación de neurotransmisores (como la dopamina, la serotonina o la noradrenalina) hacia la célula receptora. Cuando una neurona emite un potencial de acción, se «dispara» y envía un mensaje a las neuronas receptoras, incitándolas a dispararse ellas mismas o inhibiéndolas para que se silencien.

A este sistema de información, ya suficientemente complejo, se suman las oscilaciones neuronales, más conocidas como «ondas cerebrales». Es un ritmo regular a distintas frecuencias (medido en hercios, ciclos por segundo) que afecta a diferentes zonas del cerebro en función del grado de vigilia –desde el sueño profundo hasta la excitación–, descubierto en los años veinte del siglo XX gracias a las primeras máquinas para realizar encefalografías.

ONDAS	HERTZ	ASOCIADAS A	EJEMPLO
Delta	1-4	sueño profundo (no REM)	estado de inconsciencia, cuerpo inmovilizado
Theta	4-7	sueño REM, meditación	dormir y soñar con hacer un buen viaje
Alfa	7-12	tranquilidad, relajación	pensar que, por qué no, ya es hora de hacer un buen viaje
Beta	12-30	Concentración, esfuerzo intelectual	planificar dos semanas de aviones, hoteles y desplazamientos
Gamma	30-100	Atención elevada, ansiedad	descubrir que la cuenta corriente está en rojo

La red neuronal tiene un sistema de comunicación paralelo, la sinapsis eléctrica. Con respecto a esa química, es mucho más rápida, es digital (la señal sólo está encendida/apagada), carece de axones a larga distancia e involucra sólo neuronas adyacentes, a menudo con uniones soma-soma. Afecta sólo a los núcleos o a grupos de neuronas organizados en caminos neuronales especializados, como si fueran muchas orquestas tocando una partitura diferente. En esos caminos, las neuronas están conectadas por sinapsis químicas, pero también por otras eléctricas que coordinan las actividades de la orquesta, formada por millones de neuronas músicos. El impulso eléctrico, continuo y sincronizado, entre estas células se yuxtapone con la onda cerebral.

Ahora está claro que las ondas cerebrales, inicialmente estudiadas por su estrecha relación con los mecanismos del sueño, [▸99] juegan un papel decisivo en la neurotransmisión y en las funciones cognitivas y conductuales. Como mínimo, porque sincronizan y dan tiempo a cada orquesta neuronal. Pero tal vez hagan aún más. El ritmo de las ondas cerebrales también podría estar relacionado con el misterio de la conciencia, [▸136] pero no hay evidencia concluyente.

2.1.1 Dendritas

Es el bosque más denso e intrincado que jamás hayas visto. Miles de millones de árboles con cientos de miles de millones de ramas y billones de hojas, todos conectados entre sí para que puedan comunicarse de un rincón del bosque a otro. Es un bosque encantado. Un poco por su extraordinaria belleza, un poco por los mágicos resultados que produce.

Las dendritas de la neurona, los terminales receptores de la célula nerviosa, recuerdan tanto a los árboles que se les llama así, porque en griego, *dendron* significa «árbol». Se extienden en una explosión de ramas y frondas que, según el tipo de neurona, pueden parecerse a un pino o a un roble, a un baobab o a una secuoya.

Luego están las hojas, que en el caso de las dendritas se llaman curiosamente «espinas».² Así como las hojas del árbol son los terminales receptores de la luz solar que enciende la fotosíntesis, las dendritas y sus espinas son los terminales receptores de la información entrante de los terminales transmisores de otras neuronas (no todos los tipos de neuronas tienen dendritas con espinas).

---

2. Observadas con el microscopio electrónico, las espinas se parecen mucho a las hojas, lo que no sucedía con los microscopios ópticos utilizados por los pioneros de la neurociencia.

Y como en cualquier bosque, las ramas de los árboles y las hojas neuronales nunca se detienen. Sólo en los últimos diez años se ha comprobado el rol clave de las dendritas y de sus espinas en la plasticidad cerebral, o la capacidad del cerebro para reajustar continuamente las conexiones neuronales en virtud de las entradas que recibe. [▶81] El aprendizaje y la memoria están determinados por la fuerza o la debilidad de los contactos sinápticos, así como por el crecimiento y adaptación de nuevas espinas y nuevas dendritas. [▶77, 169]

La plasticidad del cerebro no es una propiedad abstracta: es el cerebro el que cambia físicamente, con el crecimiento de nuevas ramas y nuevas hojas, y con la pérdida de las secas. Ocurre en todos los bosques del mundo, ya sea vegetal o cerebral.

2.1.2 Soma

El centro direccional de la neurona, llamado soma, es el cuerpo central de la célula, del cual se ramifican las dendritas y el axón. Genera la energía necesaria, fabrica las partes y las ensambla. Externamente, es una membrana compuesta de grasas y cadenas de aminoácidos que protege a la neurona del entorno externo. En su interior, hay una batería de mecanismos especializados, comenzando por el núcleo, que funciona a la vez como archivo y como fábrica: almacena el ADN, que contiene toda la información para construir las proteínas necesarias para la supervivencia, y fabrica ARN, a partir del cual las sintetiza.

Las mitocondrias, como cualquier otra célula del cuerpo, usan oxígeno y glucosa para generar el combustible necesario, llamado ATP (trifosfato de adenosina), pero en cantidades gigantescas: ninguna célula tiene tanto apetito como una neurona. [▶94]

2.1.3 Axón

Si las dendritas receptoras de una neurona son muchas, el axón es sólo uno. Cada célula cerebral tiene una sola autopista para transmitir la señal a sus semejantes.

Si las dendritas viven en las cercanías del soma celular, dentro de unas pocas micras, el axón puede extenderse incluso decenas de centímetros, lo que, en ese tamaño, es una distancia aterradora.

Si las dendritas tienden a tomar formas puntiagudas, como las ramas de los árboles, el axón mantiene constante su diámetro hasta que se divide en muchas pequeñas ramas transmisoras, en conexión sináptica con muchas otras neuronas, llamadas «terminales axónicos».

Pero entre los terminales de recepción y transmisión de la neurona, hay otra diferencia significativa: si la señal química que llega a las dendritas puede ser intensa o débil, o en todas las gradaciones intermedias, la señal eléctrica que atraviesa el axón está o no está ahí, está encendida o apagada. Desde este punto de vista, se podría decir que las dendritas son dispositivos analógicos, mientras que el axón es básicamente digital.

La misión del axón no es sólo enviar información a gran distancia, sino también enviarla a gran velocidad: en casos extremos puede llegar a los 720 kilómetros por hora, 200 metros por segundo. La velocidad depende del diámetro del axón y, sobre todo, del grosor de la vaina de mielina que lo aísla de las interferencias externas. Existe una relación directa entre la cantidad de mielina disponible y el uso intensivo del axón. [▶169] A diferencia de las carreteras estatales, que se desgastan a medida que pasan muchos automóviles, las carreteras neuronales se consolidan a medida que pasan muchos impulsos eléctricos.

Todo comienza en el cono del axón, el punto donde el soma de la célula se estrecha para formar el axón. Es un poco como el centro de computación de todo el proceso, donde se hacen las sumas y restas: si el resultado excede un cierto umbral eléctrico, [▶33] hace que la neurona se dispare, activando un potencial de acción. Es un evento en el cual el potencial eléctrico de la membrana celular aumenta durante unos pocos milisegundos, tal vez con una secuencia de decenas o cientos de eventos por segundo.

La vaina de mielina tiene roturas muy pequeñas y regulares (llamadas nódulos de Ranvier) donde se expone el axón. En esos nódulos, un sistema de canales hace que los iones de sodio entren y salgan de la célula, lo que amplifica el potencial de acción, que, de esta manera, salta literalmente de una vaina de mielina a otra a una velocidad que sin mielina no sería posible.

De hecho, la mielina está fuertemente implicada en la inteligencia humana. Y las numerosas patologías que inducen a la pérdida de mielina, como la esclerosis múltiple, dañan la transmisión del potencial de acción y, por tanto, el correcto funcionamiento de la máquina cerebral.

La fuerte concentración de cuerpos neuronales da color a la llamada materia gris de la corteza. [▶65] El color de la sustancia blanca, por otro lado, se debe a la mielina. Los axones, que constituyen la sustancia blanca del cuerpo calloso, [▶169] o el área de unión entre los dos hemisferios cerebrales, ocupan más espacio que todos los soma, dendritas y espinas juntos.

2.1.4 Sinapsis

Después de las dendritas, el soma y el axón, finalmente llegamos al final de la neurona: la sinapsis. Es el punto de unión entre los terminales axónicos de una neurona (presináptica) y las ramas, hojas o cuerpo de otra neurona (postsináptica). Pero lo impresionante del caso es que no existe un contacto real entre los dos. De hecho, el tercer componente de la sinapsis es el espacio infinitesimal (entre 20 000 y 40 000 millonésimas de metro) que se encuentra en el medio, la pared sináptica. Es allí donde se enciende la maravilla encantada del bosque neuronal: el punto exacto donde las células de la inteligencia se comunican entre sí utilizando el vocabulario de la química.

El terminal del axón almacena neurotransmisores en pequeñas esferas llamadas «vesículas». Al mando del potencial de acción, las vesículas liberan neurotransmisores, que atraviesan el espacio sináptico y entran en contacto con los receptores de la segunda neurona, lo que ayuda a desencadenar una señal, ya sea excitadora o inhibitoria. Es sólo un eslabón en la maravillosa cadena de señales que cruza tu cerebro millones de veces por segundo, lo que te permite repensar el pasado, planificar el futuro y mover las piernas en el presente.

Si estimar el número medio de neuronas existentes en un cerebro humano fuera de alguna manera posible, [▸24] calcular el número de sinapsis parece una empresa verdaderamente imposible. No sólo porque son mucho más pequeñas que una neurona, o porque se entrelazan indisolublemente en ese bosque, sino también porque su número disminuye a lo largo de la vida.

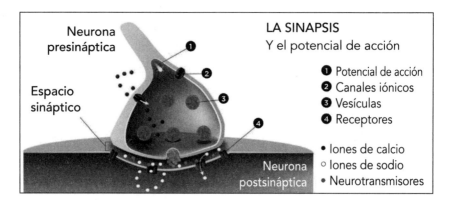

Una neurona se puede conectar con otras decenas de miles de neuronas, incluso en áreas remotas del cerebro. La neurona piramidal, la célula más extendida en la corteza cerebral, la parte más distintiva del cerebro *sapiens*, tiene entre 5000 y 50 000 conexiones receptoras o postsinápticas. La célula de Purkinje, otro tipo de neurona, puede tener hasta 100 000. Según algunas estimaciones, en el cerebro de un adulto joven el total es de alrededor de 150 billones de sinapsis.

Sin embargo, el punto fundamental no está aquí, sino en la fuerza explosiva de la red, en la matemática exponencial de la red.

Tomemos una neurona estándar hipotética, que habla sinápticamente a «sólo» otras 1000 neuronas. Cada una de ellas está potencialmente vinculada a otras 1000, de modo que, en el segundo paso, en unos pocos milisegundos, la información alcanza un millón de células (1000 x 1000). En el tercer paso, si absurdamente todas estuvieran conectadas a otras 1000, el total sería de 1000 millones (1000 x 1000 x 1000). Este cálculo no tiene sentido porque entre los diferentes tipos de células, entre los diferentes núcleos y vías neuronales, todo es mucho más complejo. Pero da una idea de cuán poderoso es todo el mecanismo. Se dice que János Szentágothai, legendario anatomista húngaro, había calculado que entre toda neurona hay sólo «seis grados de separación», tal y como se describe en la película del mismo nombre sobre los estrechos lazos de la raza humana. Pero seis grados son el caso-límite. Por lo general, la separación entre neuronas es aún menor y se comunican de un lado al otro del cerebro a una velocidad impredecible. Una célula puede dispararse cada pocos segundos, pero también puede dispararse 200 veces por segundo.

Las sinapsis también están sujetas a la plasticidad cerebral. Consideradas en el pasado como fijas y estables, hoy sabemos que las conexiones sinápticas pueden ser más o menos fuertes, es decir, más o menos capaces de influir en el comportamiento de las neuronas receptoras. Todo depende de cuánto se use una sinapsis: cuantas más veces se encienda, más poderosa y estable será la conexión entre dos células cerebrales. [▶15]

Este fenómeno, llamado «potenciación a largo plazo» o LTP (long-term potentiation), tiene importantes implicaciones prácticas en los sistemas del aprendizaje y de la memoria. [▶77] Y, por el contrario, también en los procesos de la adicción y de la dependencia. [▶201]

2.2 NEUROTRANSMISORES

El cerebro habla el lenguaje de los neurotransmisores. En cualquier momento, ya sea cuando estés leyendo un libro o contemplando un paisaje, una tormenta química atraviesa tu cerebro constantemente. De manera implacable, millones de moléculas microscópicas abandonan las vesículas de una neurona, atraviesan el espacio sináptico y se unen a los receptores de otra neurona, cada una de las cuales lleva su propio mensaje químico. El cerebro utiliza neurotransmisores para decirle al corazón que lata, a los pulmones que respiren y al estómago que digiera. Pero esas moléculas también sirven para dar órdenes para dormir o prestar atención, para aprender u olvidar, para emocionarse o relajarse. Bueno, sí, todo, incluidos los matices más racionales e inconscientes del comportamiento humano, está mediado por un ejército de neurotransmisores y la compleja manera en que interactúan. Se han contado más de un centenar, pero no se descarta que haya otros por descubrir.

Los mensajes sinápticos pueden ser excitadores o inhibidores en diversos grados, dependiendo de qué neurotransmisores salen de una neurona y de los receptores que los capturan en la neurona adyacente. Pero esa neurona puede conectarse a varios miles de otras neuronas a través de otras tantas sinapsis y, por lo tanto, recibir el impulso simultáneo de cientos o miles de ellas. Los mensajes excitadores e inhibidores se «resumen» dentro de la célula que, gracias a un sofisticado sistema de bombeo que regula el acceso o salida de iones de sodio y potasio, mantiene su membrana en un potencial eléctrico estable de «reposo» de 70 milivoltios. Los neurotransmisores excitadores ayudan a que el voltaje de la membrana circundante sea positivo, mientras que los neurotransmisores inhibidores empujan el lado negativo. Si el resultado neto excede un cierto voltaje (generalmente 30 milivoltios), la célula nerviosa se dispara y desencadena el potencial de acción, el impulso eléctrico que corre por el axón para ordenar la liberación de otro aluvión de neurotransmisores. Si, por el contrario, no lo sobrepasa, todo se detiene allí. Pero la matemática de la neurotransmisión va más allá de los cálculos de voltaje, porque las moléculas mensajeras hacen su trabajo en combinación o en oposición entre sí. El abanico de posibilidades es tan amplio que incluye razonamiento, memoria o emoción. El investigador sueco Hugo Lövheim propuso una clasificación de los efectos cruzados de la serotonina, la dopamina y la noradrenalina. Según su modelo, la disponibilidad de niveles altos o bajos de estas tres moléculas determina las emociones básicas. La ira, por ejemplo, implica altos niveles de dopamina y norepinefrina y bajos niveles de serotonina.

	Serotonina	Dopamina	Noradrenalina
Vergüenza	▼	▼	▼
Sufrimiento	▼	▼	▲
Temor	▼	▲	▼
Enfado	▼	▲	▲
Asco, odio	▼	▲	▼
Sorpresa	▲	▼	▲
Bienestar, placer	▲	▲	▼
Interés, excitación	▲	▲	▲

alto = ▲ bajo = ▼

Obviamente, la realidad es bastante más compleja, aunque sólo sea por la interacción mutua de una paleta de muchas otras moléculas mensajeras. Y por un detalle que no es nada despreciable: no es seguro que las balas estén siempre listas en el cargador de las ametralladoras sinápticas, las vesículas.

La disponibilidad de neurotransmisores no es infinita. Una vez que se unen al receptor postsináptico, se desactivan de inmediato y luego se reciclan: se devuelven a las vesículas, recargándolas de manera efectiva (lo que se llama «recaptación» o «*reuptake*» en inglés) o se eliminan, si no se destruyen. El caso es que tu cerebro podría ser víctima de un escaso suministro de algunas moléculas. La mala alimentación, [▶95] el estrés severo, [▶204] los fármacos, las drogas, el alcohol, pero también las predisposiciones genéticas, [▶209] afectan a las reservas de neurotransmisores, comprometiendo así el funcionamiento óptimo de la máquina cerebral.

Algunos neurotransmisores, como la dopamina, la serotonina, la acetilcolina y la noradrenalina, también funcionan como neuromoduladores. Cuando comparamos la neurotransmisión con un láser que se dirige con precisión a las neuronas postsinápticas, la neuromodulación es como un aerosol. Basta que sólo unas pocas neuronas secreten neuromoduladores para involucrar a muchas otras en áreas más grandes, yuxtaponiéndose al modular su actividad. Finalmente, hormonas como la testosterona y el cortisol pueden influir en la neurotransmisión al participar en la ya abundante actividad sináptica.

GABA

Su trabajo es inhibir. El ácido gamma-aminobutírico, más conocido como GABA, es el principal factor inhibidor de las sinapsis. En dosis elevadas, relaja y favorece la concentración. En dosis moderadas, induce ansiedad. No es sorprendente que los fármacos que aumentan la disponibilidad de GABA tengan propiedades relajantes, anticonvulsivas y antiansiogénicas.

Glutamato

El neurotransmisor excitador por definición, así como el más extendido, en grandes cantidades es altamente tóxico para las neuronas. Es fundamental en los procesos cognitivos, como la memoria y el aprendizaje, y también ayuda a regular el desarrollo cerebral.

Adrenalina

También conocida como epinefrina, es la neurona de la respuesta de «lucha o huida» que se produce en situaciones de estrés. Principalmente asociada al miedo y al estado de alerta, aumenta el flujo sanguíneo a los músculos y el de oxígeno a los pulmones, dispuesta a ayudar en la lucha o en la huida. Es tanto una hormona producida por las glándulas suprarrenales como un neurotransmisor.

Noradrenalina

También conocida como norepinefrina, es un neurotransmisor excitador. Regula la atención y la respuesta de «lucha o huida», aumentando la frecuencia cardíaca y por tanto el flujo sanguíneo a los músculos. En niveles altos provoca ansiedad, mientras que dosis bajas de norepinefrina se asocian a falta de concentración y alteraciones del sueño.

Serotonina

Contribuye a la sensación de bienestar, equilibrando, como neurotransmisor inhibidor, cualquier actividad excitadora excesiva de las neuronas. Regula el dolor, la digestión y, junto con la melatonina, los mecanismos del sueño. Los niveles bajos de serotonina se asocian a la depresión y a la ansiedad, hasta el punto de que muchos antidepresivos actúan aumentando su disponibilidad. Naturalmente, la serotonina también se produce con el ejercicio y la exposición a la luz solar.

Dopamina

Es la superestrella de los neurotransmisores. Si disfruta de una buena prensa, quizá sea porque es la molécula conectada al sistema de recompensa y de la percepción del placer. Excitadora, pero con potencial inhibitorio, está involucrada en los mecanismos de adicción y dependencia, pero sería un error reducirla a la «molécula del placer». A la luz de los recientes descubrimientos, podríamos decir que es el neurotransmisor de la voluntad. También es indispensable en funciones estratégicas, como la capacidad de atención y el control de movimientos. La distribución de neuronas equipadas con receptores de dopamina y los circuitos cerebrales relacionados ha llevado a la identificación de un sistema dopaminérgico con ocho «caminos» que distribuyen la molécula, también con efectos neuromoduladores. Los tres más importantes, la vía mesolímbica, la vía mesocortical y la vía nigroestriatal, se originan en el mesencéfalo [▶54] y conducen a los planos superiores del cerebro.

Acetilcolina

Es el neurotransmisor más abundante del cuerpo humano. En el sistema nervioso periférico sirve para estimular el movimiento muscular, pero en el sistema nervioso central contribuye a la excitación y a la recompensa, además de desempeñar una función importante en el aprendizaje y en la plasticidad neuronal. Al ser también un neuromodulador, la acetilcolina está presente en el líquido cefalorraquídeo y por lo tanto produce efectos en áreas neuronales dispares. [▶47, 169]

Oxitocina

Para aumentar la disponibilidad de oxitocina en tu cerebro, simplemente besa, abraza o ten relaciones sexuales. Alternativamente, también aparece cuando se amamanta, y un flujo de esta hormona que actúa como neurotransmisor irriga el cerebro de la madre y del bebé. En otras palabras, para producir oxitocina de manera natural, se necesitan dos. Llamada «molécula de la unión» porque produce una sensación de bienestar que fomenta la construcción de vínculos sentimentales o filiales, se cree que desempeña un papel en una extensa variedad de funciones fisiológicas: desde la erección hasta el embarazo, desde la contracción uterina hasta la producción de leche, desde los lazos sociales hasta el estrés. La presencia o falta de oxitocina tiene un efecto sobre la disponibilidad ante los demás y la estabilidad psicológica. La oxitocina sintética, disponible comercialmente en algunos países como gas de inhalación, se usa como sustancia recreativa.

Vasopresina

Hormona, neurotransmisor y neuromodulador, la vasopresina está formada por nueve aminoácidos. Además de realizar labores más prosaicas, como actuar como antidiurético y vasoconstrictor, esta molécula tiene una función estratégica en el cerebro humano: la continuación de la especie. La vasopresina interviene en los mecanismos del comportamiento social, en el impulso sexual y en el establecimiento de la pareja. Es famoso el caso del *Microtus ochrogaster*, un hámster marcadamente monógamo (una rareza entre los mamíferos) que vive en el Medio Oeste estadounidense: si se le priva de vasopresina, también termina divorciándose.

Testosterona, estradiol, progesterona

Del mismo modo en que el sistema nervioso central utiliza neurotransmisores para enviar sus mensajes, el sistema endocrino usa hormonas. Las llamadas «hormonas sexuales», como la testosterona (masculina) –en la imagen superior–, el estradiol y la progesterona (femenina) tienen un papel decisivo en el desarrollo embrionario del cerebro, como en las pequeñas pero sensibles diferencias del cerebro adulto en los dos modelos disponibles. Los hombres y las mujeres producen tanto testosterona como progesterona, pero en proporciones radicalmente diferentes.

Cortisol

El cortisol tampoco es un neurotransmisor en sentido estricto, pero sigue siendo una molécula capaz de influir significativamente en la máquina cerebral. Producido por las glándulas suprarrenales (por orden del hipotálamo) [▶60] como parte del complejo mecanismo de respuesta al peligro prolongado, el cortisol también se denomina «hormona del estrés». Si los niveles de cortisol permanecen altos durante mucho tiempo, se registran daños en el hipocampo [▶59] y una tasa más rápida de envejecimiento cerebral. El cortisol interfiere en el proceso de aprendizaje. [▶169]

Endorfinas

Se habla en plural porque las endorfinas son una categoría completa de opiáceos («morfinas endógenas», es decir, producidas dentro del cuerpo) que inhiben las señales de dolor, lo alivian y pueden ofrecer una sensación de bienestar, si no de euforia. Se liberan durante el ejercicio [▶102] y la actividad sexual, pero también en caso de dolor. Algunos alimentos, como el chocolate, estimulan la liberación de endorfinas.

2.3 CÉLULAS GLIALES

Podemos garantizarte que tu cerebro no está lleno de pegamento, pero eso es más o menos lo que los científicos han creído durante casi un siglo.

Las neuronas, las células de la inteligencia, representan sólo una parte de la masa cerebral. El resto está compuesto por otra categoría de células, llamadas «glía» o «neuroglía» (del griego γλοία, «pegamento»).

Descritas por primera vez a finales del siglo XIX, durante mucho tiempo se consideró una especie de andamiaje para apoyar a la superestrella neuronal. Pero la perspectiva cambió radicalmente a partir de la década de 1980, también gracias a Albert Einstein.

El físico más grande de todos los tiempos no estuvo involucrado en la neurociencia. Aun así, hizo una contribución *post mortem* involuntaria. En 1955, mientras realizaba una autopsia del cadáver de Einstein, un médico del hospital de Princeton, un tal Thomas Stoltz Harvey, creyó que estaría bien robarle el cerebro al genio. El extraño robo, justificado en nombre de la investigación científica, le costaría muchos problemas.

Sin embargo, el cerebro de Einstein no parece tener nada especial. Sólo treinta años después, la profesora Marian Diamond, de la Universidad de Berkeley, logró encontrar un rasgo peculiar en una de cuatro muestras diferentes: en la zona del lóbulo parietal donde se difunden el razonamiento matemático, la cognición espacial y la atención, la neuroglía de Einstein era mucho más numerosa de lo normal. El descubrimiento, como sucede a menudo, sería impugnado y parcialmente retractado. Pero esa pista fue suficiente para abrir la puerta a una avalancha de investigaciones y descubrimientos que apenas ha comenzado.

Ahora sabemos que las células gliales realizan varios trabajos diferentes. Es cierto, como se creyó alguna vez, que tienen un trabajo de albañil: rodean las neuronas y las mantienen en su lugar. Pero también actúan como mayordomos: nutren y oxigenan las neuronas. Son electricistas porque construyen la vaina de mielina que regula la transmisión del potencial de acción a lo largo de los axones. Y ciertamente son barrenderos, ya que mantienen a raya a los patógenos y envuelven las neuronas que ya no están activas.

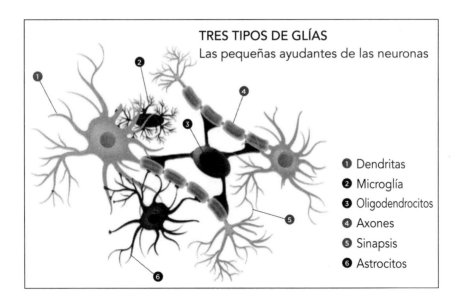

TRES TIPOS DE GLÍAS
Las pequeñas ayudantes de las neuronas

❶ Dendritas
❷ Microglía
❸ Oligodendrocitos
❹ Axones
❺ Sinapsis
❻ Astrocitos

Una extraordinaria suma de diferentes profesiones, sin las cuales el cerebro humano no funcionaría correctamente. Ya durante la embriogénesis, cuando el cerebro inicia la fase de autoensamblaje dentro de la placenta, las células gliales regulan la migración de neuronas y producen las moléculas que determinan la ramificación de dendritas y axones. Estudios recientes también atribuyen a las glías la capacidad de comunicarse químicamente entre sí. A diferencia de las neuronas, son capaces de realizar mitosis, es decir, de dividirse y reproducirse.

Muchas fuentes afirman que las células gliales son entre cinco y diez veces más numerosas que las neuronas. Pero un estudio reciente desmintió este mito, argumentando que la proporción es más bien de 1:1. Según este complejo método de cálculo (como siempre discutido por algunos), hay 86 000 millones de neuronas y 84 600 millones de neuroglías en todo el cerebro, pero con diferencias significativas entre las distintas áreas del cerebro. Las células gliales de la corteza cerebral, la parte del cerebro que más diferencia a los *Homo sapiens* de otras especies, son casi cuatro veces más numerosas que las neuronas. Y en la sustancia blanca de la corteza, donde se encuentran la mayoría de los axones mielinizados, las neuroglías son, en realidad, diez veces más numerosas que las neuronas. Incluso sin molestar al pobre cerebro de Albert Einstein, es evidente que las glías juegan un papel activo en la generación de inteligencia.

	Neuroglía (miles de millones)	Neuronas (miles de millones)	Relación neuroglía/ neuronas
Corteza	60,8	16,3	3,73
Cerebelo	16,0	69,0	0,23
Resto del cerebro	7,8	0,8	11,0
Total	84,6	86,1	0,98

Desafortunadamente, su importancia es aún más apreciable cuando las cosas van mal: pueden producir demasiadas citocinas, que dañan las neuronas en la enfermedad de Alzheimer; su mal funcionamiento juega un papel en la enfermedad de Parkinson y en la esclerosis múltiple; parece haber un vínculo entre la depresión y su tamaño y densidad. En general, se podría decir que la primera función de la neuroglía es mantener la homeostasis, el estado de equilibrio químico-físico de un organismo. En otras palabras, preserva el *statu quo*.

2.3.1 Microglías

Son pequeñas, pero comen mucho. Ésta es la razón por la que las microglías entran en la categoría de células macrófagas. El cerebro está esencialmente aislado del resto del mundo gracias a la barrera hematoencefálica [▶46] que impide el paso de grandes agentes infecciosos. Sin embargo, si algo extraño logra atravesarlo, la microglía –distribuida por todo el cerebro, pero también presente en la médula espinal– se lanza al ataque para destruir a los invasores y mitigar la inflamación que han causado. Más pequeñas que todas las demás células gliales, monitorizan constantemente el entorno circundante y la salud de las neuronas, de otras células gliales y de los vasos sanguíneos.

2.3.2 Astrocitos

Las estrellas en el cielo, ya sabes, son enormes bolas redondas hechas de gas. Sin embargo, en muchas culturas se dibujan con cinco, seis o siete puntas, debido a la difracción óptica producida por la atmósfera o, más simplemente, al astigmatismo del observador. Es precisamente por su vaga semejanza con las estrellas puntiagudas por lo que se las llama «astrocitos», las células gliales más extendidas.

En el microcosmos del cerebro, donde el número de neuronas no está muy lejos del de las estrellas de la galaxia, los astrocitos son como un universo paralelo. Aunque hasta hace veinticinco años se consideraban sólo un andamio, hoy es imposible subestimar su importancia. Las células (en su mayoría) en forma de estrella mantienen unido al cerebro, contribuyendo a la compleja arquitectura de la masa cerebral. Luego se encargan de mantener la homeostasis. Almacenan y distribuyen energía. Defienden al cerebro de ataques moleculares externos. Reciclan neurotransmisores. Envuelven las sinapsis, comprobando que el sistema de transmisión funcione sin problemas. Y la lista puede seguir y seguir.

2.3.3 Oligodendrocitos

Todos los entusiastas de la Hi-Fi, como se llamó en algún momento a la música reproducida en «alta fidelidad», saben que los cables que conectan el tocadiscos al amplificador, y el amplificador al altavoz, deben estar bien aislados: las frecuencias se deben transmitir fielmente y no recibir interferencias. Parece que incluso los oligodendrocitos (del griego «células con pocas ramas») lo saben bien, porque su trabajo es precisamente ése: aislar los axones para que funcione bien el sistema de transmisión de impulsos eléctricos.

No es un trabajo pequeño. Cada oligodendrocito puede conectarse de forma segura a unas cincuenta neuronas diferentes, recubriendo los axones con una vaina hecha de muchas capas de mielina, una mezcla de grasas y proteínas que cambiaron el curso de la evolución, envuelta una sobre la otra. Si ahora se puede apreciar una velocidad de transmisión de pulsos eléctricos neuronales de hasta 200 metros por segundo, es porque la vaina de mielina producida por los oligodendrocitos permite que los axones tengan un verdadero rendimiento Hi-Fi.

2.4 OTROS COMPONENTES

Además de las neuronas, la glía y el microcosmos molecular tan complejo que las hace funcionar, tu cerebro está físicamente equipado con otros dos dispositivos esenciales para tu supervivencia, los cuales, como era de esperar, tienen que ver con la sangre, el agua y sus respectivos sistemas de fontanería.

2.4.1 Barrera hematoencefálica

Mucho antes de que los humanos inventaran los filtros de los acuarios, los del aire acondicionado e incluso los cigarrillos con filtro, la evolución ya había equipado a sus cerebros con un ingenioso sistema de filtrado llamado «barrera hematoencefálica».

Las células endoteliales del sistema nervioso central tienen uniones más estrechas, que permiten que sólo ciertas moléculas pasen a través de ellas y lleguen al cerebro transportadas por el torrente sanguíneo. Tienen libre acceso al agua que hidrata el cerebro, a la glucosa que lo nutre, a los aminoácidos que le aportan materias primas, y poco más. El camino, por otro lado, está cerrado a todas las moléculas no deseadas, especialmente a las toxinas y a las bacterias.

Gracias al filtro que tiene, las infecciones cerebrales son poco frecuentes. El problema, sin embargo, es que, en caso de infección, la barrera hematoencefálica no permite el paso a fármacos compuestos por moléculas grandes o incluso a la gran mayoría de fármacos con moléculas pequeñas. La investigación está tratando de desarrollar fármacos nanomoleculares (del orden de mil millonésimas de metro) capaces de atravesar el filtro cerebral.

2.4.2 Líquido cefalorraquídeo

El cerebro flota. Un líquido especializado, transparente e incoloro, compuesto en gran parte por agua, actúa como un cojín para que no sea aplastado por su propio peso.

Se ha calculado que el cerebro, con sus aproximadamente 1350 gramos, cuando flota en el líquido cefalorraquídeo tiene una masa correspondiente a 25 gramos. Por otro lado, este fluido también proporciona otras cuatro funciones, vitales como mínimo.

Protege, pero sólo parcialmente, al cerebro en caso de colisiones (ningún futbolista habría golpeado con la cabeza las viejas pelotas de cuero si hubiera sabido lo que realmente tenía en el cráneo). Realiza la limpieza de la casa como componente principal del sistema glifático, llamado así porque se parece al linfático pero está regulado por la glía. [▸41] En pocas palabras, el líquido cefalorraquídeo elimina la basura cerebral, especialmente durante el sueño, a través de la apertura de canales impulsados por la contracción de las células gliales.

Además, gracias a sus mecanismos reguladores, aunque el cerebro produce alrededor de medio litro de líquido cefalorraquídeo todos los días (llamado así porque también se encuentra en la columna vertebral), un recambio constante significa que sólo 120-160 mililitros circulan simultáneamente entre el cerebro y la columna vertebral. Sin esta característica estándar, la presión craneal sería insostenible para la circulación sanguínea, lo que se convertiría en una isquemia.

El líquido, retenido por las meninges, las membranas que rodean al cerebro, se produce en el sistema ventricular, un complejo de cuatro cavidades cerebrales interconectadas, y se descarga en la sangre. En virtud de este círculo de intercambio, también se mantiene la estabilidad química de la máquina cerebral flotante.

3.0 TOPOGRAFÍA

No hace con exactitud 525 millones de años, pero más o menos en esa época, aparecieron en este planeta los primeros animales vertebrados, es decir, las formas de vida que exhiben una columna que se extiende por todo el cuerpo y que, sobre todo, desarrollan un proceso de encefalización que concentrará –durante los siguientes millones de años– las funciones cerebrales en la región anterior, la cabeza. El cerebro, que a lo largo de la interminable línea temporal de la prehistoria se vuelve cada vez más grande, complejo y eficiente, se divide en dos hemisferios casi simétricos, conectados en el centro por el cuerpo calloso, un haz de fibras nerviosas, pero cuyo funcionamiento, en realidad, es asimétrico: las áreas del cerebro dedicadas al lenguaje, por ejemplo, casi siempre se encuentran en el hemisferio izquierdo de quien escribe con la mano derecha (95 %), pero un poco más raramente (70 %) en el hemisferio izquierdo de quien escribe con la mano izquierda.

La topografía cerebral tiene mucho que ver con la evolución. El cerebro humano ha heredado, en el transcurso de esta historia infinita y maravillosa, la estructura de los cerebros que le precedieron.

La teoría del *triune brain* (el cerebro trino), impulsada por el neurocientífico estadounidense Paul MacLean en los años sesenta, ha quedado obsoleta en varios aspectos, aunque tiene la ventaja de facilitar la comprensión de los orígenes ancestrales de la máquina más compleja del mundo. Después de todo, se ha demostrado que la evolución ha considerado preferible agregar extensiones y mejoras a la estructura del cerebro, en lugar de reescribirlo todo de nuevo. Aunque tardara cientos de millones de años.

Pues en el sótano de tu cerebro se encuentra la parte de origen reptil, la más antigua y pequeña de las tres, que controla las funciones vitales: desde la respiración hasta los latidos del corazón, desde la temperatura corporal hasta lo que solemos llamar instinto, pasando por comportamientos ancestrales relacionados con la territorialidad. Son las operaciones básicas de un cerebro, activas sin necesidad de pensamiento ni voluntad.

En el piso de encima, está el cerebro que se desarrolló principalmente con la llegada de los mamíferos, llamado «sistema límbico». Tiene un rol clave en la emoción, la motivación, el comportamiento y en la memoria a largo plazo, a menudo de manera inconsciente. Son las estructuras cerebrales las que han fomentado la sociabilidad típicamente mamífera, así como la reciprocidad o la capacidad de sentir afecto.

Por último, en el ático está la corteza cerebral: seis capas de materia gris que rodean al cerebro y que, especialmente desarrolladas en primates, homínidos y mucho más en humanos, gestionan la conciencia, el pensamiento, el lenguaje y todas aquellas cosas que distinguen a un ser humano, como la predicción y la planificación de eventos futuros. [▸73]

Obviamente, las tres regiones del cerebro han seguido evolucionando durante millones de años a lo largo de las ramas genealógicas del mundo animal. No están selladas y separadas entre sí, como si fueran tres *matrioshkas*, sino que están estrechamente unidas por una intrincada red de carreteras neuronales.

No tienes un cerebro reptiliano, sino unas estructuras cerebrales que se originan en un ancestro muy lejano en común con los reptiles. Los cerebros no son tres en el sentido literal, sino sólo uno.

3.1 CEREBRO «REPTIL»

El antepasado más lejano de tu cerebro se remonta a unos 500 millones de años y apareció bajo el agua. Un cerebro básico compuesto por unos cientos de neuronas primitivas. A lo largo de los años, millones de años, la complejidad de estos cerebros ha crecido, junto con la complejidad de los animales submarinos que los albergaban. Cuando algunas especies emergieron del agua para colonizar la tierra, donde necesitaban responder a una complejidad aún mayor para sobrevivir, lo que podríamos llamar «cerebro reptil» evolucionó hace unos 250 millones de años. Instalado a bordo de especies anfibias cada vez más sofisticadas, se ha convertido en una dotación de todos los cerebros futuros: su diseño básico se encuentra tanto en los reptiles modernos como en los mamíferos modernos, incluido el *Homo sapiens*; evidentemente, con las enormes diferencias acumuladas a lo largo de millones de años de evolución.

La parte interna más antigua de tu cerebro está formada por el cerebelo y el tronco encefálico, y controla funciones vitales como la frecuencia cardíaca, el equilibrio, la respiración o la temperatura corporal.

Es un componente más que fiable de la máquina cerebral, capaz de funcionar las 24 horas del día en modo totalmente automático y sin requerir ningún compromiso por parte del usuario. De hecho, nadie se olvida nunca de respirar. Es cierto que el remoto origen genético convierte al cerebro reptil en la parte más primitiva, rebelde e indisciplinada de tu cerebro. Por otro lado, la interminable progresión evolutiva ha involucrado radicalmente a cada componente de la máquina del cerebro humano, transformándolo en otro engranaje fundamental de su propia inteligencia.

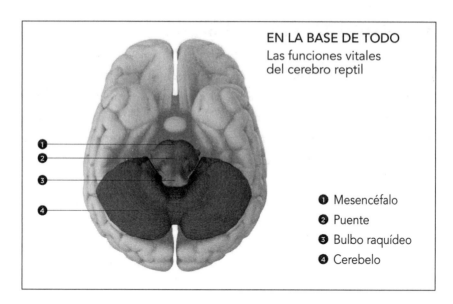

EN LA BASE DE TODO
Las funciones vitales
del cerebro reptil

❶ Mesencéfalo
❷ Puente
❸ Bulbo raquídeo
❹ Cerebelo

3.1.1 Tronco encefálico

Observado desde la base, el cerebro comienza con una especie de cable, un conducto –un «nervio», se podría decir–, que lo conecta con el resto del cuerpo. El tronco encefálico, más elegantemente llamado *brainstem* en inglés (tallo cerebral), está tan en la base de las funciones cerebrales y de su sorprendente historia evolutiva que, entre otras cosas, ayuda a regular la respiración, los latidos del corazón, el sueño y el hambre.

Toda la información que pasa del cuerpo al cerebro, y también viceversa, pasa por el tronco encefálico. En el primer caso, lo hace a través de los caminos sensoriales donde viaja la información del dolor, la temperatura, el tacto y la propiocepción o percepción del propio cuerpo. [▸108] En el segundo caso, lo realiza a lo largo de los haces de axones [▸29] que se originan en las motoneuronas del tronco encefálico y terminan en sinapsis en la médula espinal, donde se propaga la información que regula el movimiento.

Pero eso no es todo. Diez de los doce pares de nervios craneales emergen de los tres componentes principales del tronco encefálico (bulbo raquídeo, protuberancia y mesencéfalo), es decir, los nervios que surgen directamente del cerebro y de ambos hemisferios, responsables del control motor y sensorial de la cara, los ojos y las vísceras.

El tronco está completamente atravesado por la formación reticular, un conjunto de cien redes neuronales que mantiene el estado de vigilia, enviando una secuencia de señales a la corteza a intervalos regulares. Cuando la secuencia se ralentiza, se induce la somnolencia. La formación reticular juega un rol clave incluso en los mecanismos de atención. [▶165] Así, si añadimos que, además de ser responsable del funcionamiento de los sistemas cardiovascular y respiratorio, contribuye al desarrollo del conocimiento y de la conciencia, entendemos que el tronco cerebral está en la base de todo. En todos los sentidos.

Bulbo raquídeo

Sin él no puedes vivir. De manera involuntaria, es decir, sin la más mínima determinación por parte del propietario legítimo, el bulbo raquídeo orquesta los fundamentos básicos de la existencia, como la respiración, los latidos del corazón y la presión arterial. Es el oficial de enlace entre la columna vertebral y el cerebro propiamente dicho.

Como parte del tronco encefálico, sirve para transmitir mensajes neuronales entre los sistemas nerviosos central y periférico. En este último, juega un papel crucial en el sistema nervioso autónomo, donde regula las funciones respiratoria, cardíaca y vasomotora, así como numerosos reflejos automáticos, respuestas involuntarias a un número variable de estímulos (se han contado 45). Éstos incluyen tos, estornudos, vómitos, bostezos.

Puente

Subiendo por el tallo cerebral, entre la médula y el mesencéfalo, se encuentra el puente. También llamado *pons* (en latín) o puente de Varolio (en memoria de Costanzo Varolio, el anatomista italiano del siglo XVI que lo describió por primera vez), tiene una forma ligeramente hinchada.

El puente conecta diferentes áreas del cerebro y gestiona el flujo de comunicación vital entre la corteza cerebral y el cerebelo. Cruzado por cuatro pares de nervios craneales, apoya funciones sensoriales como la audición, el gusto, el tacto y el equilibrio, pero también realiza funciones motoras como masticar o mover los ojos. Dado que el sueño REM se origina aquí, el puente tiene un rol clave incluso en los sueños.

Mesencéfalo

Con sólo 2 centímetros de largo, el mesencéfalo es la parte final del tallo cerebral, pero también la más pequeña. Aun así, tiene un pedigrí embrionario muy respetable.

Aproximadamente en el día 28 de desarrollo, el tubo neural se divide en tres vesículas que se están preparando para convertirse en un cerebro. Se llaman rombencéfalo, mesencéfalo y prosencéfalo. Al cabo de unas pocas semanas, el primero se distinguirá en metencéfalo (que luego se convertirá en puente y cerebelo) y mielencéfalo (el bulbo raquídeo). Éste último, por otro lado, se dividirá en telencéfalo (corteza cerebral) y diencéfalo (hipotálamo, tálamo y más). El mesencéfalo, que se encuentra en el medio, sigue siendo el mesencéfalo. En inglés, las tres divisiones embrionarias se denominan elocuentemente *hindbrain* (el cerebro posterior), *midbrain* (el cerebro medio) y *forebrain* (el cerebro anterior).

Debido a esta posición estratégica, el mesencéfalo está atravesado por tractos de materia blanca que conectan el puente con el tálamo, y de ahí el cerebro «reptiliano» con el sistema límbico, en ambas direcciones. Además, alberga diversos núcleos de materia gris, tanto sensoriales como motores, que gestionan la regulación de la vigilia y del dolor, de la audición y del movimiento de la cabeza y de los ojos.

Para simplificar, se puede dividir en tres partes: el techo, el tegmento y los pedúnculos. Los dos primeros están separados por el acueducto central (por donde transita el líquido cefalorraquídeo), [▸46] mientras que los pedúnculos están divididos por la doble *substantia nigra*, una de las principales fuentes de dopamina.

Substantia nigra

Se la llama «sustancia negra» porque está densamente poblada por neuronas oscurecidas por la melanina, el mismo pigmento que produce el bronceado. Nuevamente, hay dos sustancias negras. Cada una a su vez se divide en dos partes, con dos funciones completamente distintas: la *pars compacta* está poblada por neuronas dopaminérgicas que se proyectan en el estriado, mientras que la *pars reticulada* se compone principalmente de neuronas GABAérgicas unidas a muchas estructuras diferentes. [▸36]

Área tegmental ventral

También cerca, donde termina el mesencéfalo, hay una estructura neuronal muy pequeña conectada estratégicamente a muchos rincones diferentes del cerebro, desde el tallo cerebral hasta la corteza prefrontal. Parte fundamental del sistema dopaminérgico, y por tanto del sistema de recompensa, el área tegmental ventral (también conocida por las siglas VTA) es funcional para la motivación, [▸162] el aprendizaje [▸169] y, en una categoría completamente diferente, para el orgasmo. [▸129] Pero también está relacionada con la adicción a las drogas y con algunas enfermedades mentales graves.

3.1.2 Cerebelo

El nombre es un diminutivo: el cerebelo o *cerebellum*, «cerebro pequeño», se llama así por su tamaño y apariencia. Ligeramente más grande que una pelota de golf, casi parece un cerebro a pequeña escala, también con dos hemisferios, pero sin las circunvoluciones de la corteza, y habita el sótano posterior de tu cerebro, debajo de los lóbulos temporales, directamente conectado a la médula espinal, que transmite las órdenes del cerebro (incluso involuntariamente) al resto del cuerpo.

El cerebelo es parte del equipamiento cerebral de todos los vertebrados, reptiles, peces, aves, mamíferos. Desde hace algunos siglos, sabemos que sirve para el control motor, el equilibrio y la coordinación de movimientos, porque hemos visto lo que pasa cuando se daña físicamente. Pero en la versión del *Homo sapiens*, la evolución parece haberle añadido funciones, y también importancia. De hecho, según algunos estudios recientes, esta parte antigua del cerebro tiene un papel que es todo menos diminutivo.

Para empezar, también sirve para el aprendizaje motor, especialmente cuando se trata de aprender a realizar movimientos sofisticados, como una semivolea de revés en una pista de tenis o la ejecución de las fugas de Bach en el teclado de un piano. Esto sería suficiente para clasificar al cerebelo como patrimonio de la humanidad. Ciertamente, en comparación con la corteza cerebral, la parte externa, dominante, casi hipertrófica del cerebro humano, parecería más o menos un accesorio o, más precisamente, los vestigios de un pasado evolutivo remoto. Después de todo, representa sólo el 10 % del volumen total del cerebro. Hasta que se descubre que está poblado por alrededor de 69 000 millones de neuronas, en comparación con los aproximadamente 20 millones de la corteza. El secreto es que alrededor de 46 000 millones de éstas son células granulares, unas de las neuronas más pequeñas que existen.

El papel del cerebelo no se puede infravalorar. Su constante intercambio de información con la corteza cerebral, casi un trabajo en tándem, parece asignarle un papel también en las funciones cognitivas, así como en las funciones motoras para las que originalmente había evolucionado.

3.2 CEREBRO «MAMÍFERO»

Por encima del tronco del encéfalo y por debajo de la corteza se encuentra el sistema límbico, formado por una gran cantidad de estructuras pequeñas y enrevesadas, interconectadas entre sí. Presente *in nuce* también en los invertebrados, es a partir de la evolución del cerebro de los mamíferos cuando se ha ampliado, haciéndose prominente.

De aquí en adelante, el cerebro se duplica, en el sentido de que todas las estructuras se replican en el hemisferio izquierdo y en el hemisferio derecho, a veces con funciones parcialmente diferentes. Para cada tálamo, amígdala o hipocampo, hay otra imagen especular. El hipotálamo es una excepción.

Ahora sabemos que el sistema límbico, considerado durante mucho tiempo como el «cerebro emocional», es objeto de una realidad mucho más compleja. De aquí, en el corazón del cerebro, dependen en gran medida las experiencias emocionales como el miedo o el amor, pero también funciones centrales como el aprendizaje, la motivación y la memoria.

Gracias al sistema límbico, disfrutas de la comida o del sexo. Es culpa del sistema límbico si experimentas depresión o desmotivación. Es debido al sistema límbico que el estrés crónico probablemente induzca una presión arterial alta. Y, de nuevo a modo de ejemplo, sigue siendo el sistema límbico el que te permite, con razón o sin ella, enviar a alguien al infierno.

EL SISTEMA LÍMBICO
En el corazón del cerebro «mamífero»

❶ Hipocampo
❷ Tálamo
❸ Cuerpo estriado
❹ Giro cingulado
❺ Cuerpo calloso
❻ Nucleus accumbens
❼ Hipotálamo
❽ Amígdala
❾ Bulbo olfativo

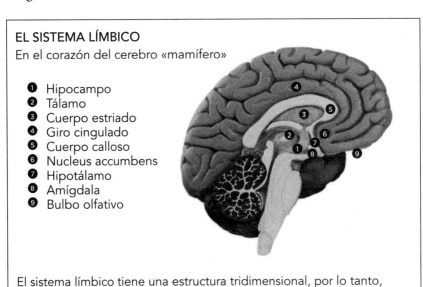

El sistema límbico tiene una estructura tridimensional, por lo tanto, parcialmente oculto por esta sección de un solo hemisferio.

3.2.1 Tálamo

El río de información que constantemente inunda tu cerebro necesita un sistema muy eficiente para ordenar, en tiempo real, los datos que se computarán en las áreas relativas de la corteza. El centro de clasificación se llama «tálamo» y está compuesto por dos estructuras simétricas del tamaño de una nuez, pero con una forma ligeramente alargada, ubicadas casi en el centro del cerebro y conectadas entre sí por una diminuta franja de materia gris. Su trabajo es tan vital que un daño grave a la estructura talámica produce un coma irreversible. Con la excepción del olfato, [109] todos los sistemas sensoriales [▶108] pasan por aquí, incluida la propiocepción, así como la información del órgano sensorial más grande del cuerpo humano: la piel.

Por poner un ejemplo, la imagen recibida por la retina del ojo derecho se transfiere al tálamo izquierdo, que a su vez la envía al lóbulo occipital izquierdo, es decir, la sección de corteza responsable de la vista. Pero el tálamo no se limita a ser mensajero, porque a su vez recibe la información del lóbulo occipital. Este mecanismo se replica con todas las demás áreas de la corteza cerebral que se ocupan del cálculo de la información sensorial y motora. El resultado es un imponente circuito cerrado de tálamo-corteza-tálamo que regula el estado de vigilia y la atención, considerado un componente de la red cerebral «mágica» que produce la conciencia. [▶136]

3.2.2 Amígdala

El trabajo de las dos amígdalas es encontrar, en cuestión de milisegundos, las respuestas que se deben dar a las emociones entrantes, y luego también memorizarlas. En la amplia gama de emociones disponibles, sin embargo, su verdadera especialidad es el miedo, una experiencia tan importante para la supervivencia que ha desarrollado un circuito especial dedicado a él para su gestión. [▶126]

Las dos amígdalas, encerradas lateralmente por los lóbulos temporales derecho e izquierdo, trabajan y memorizan en conjunto, pero también parecen tener alguna inclinación personal. La de la derecha está dedicada al miedo y las sensaciones negativas (como se puede comprobar estimulándolo eléctricamente), la de la izquierda está un poco más abierta a las sensaciones positivas, probablemente implicadas en el sistema de recompensa. Cada amígdala recibe información de las neuronas responsables de la vista, el olfato, la audición o el dolor, y envía órdenes ejecutivas al sistema motor o circulatorio. En caso de peligro, por ejemplo, ordena simultáneamente que el cuerpo se *congele*, que el corazón lata más rápido y que las hormonas del estrés hagan su trabajo. [▶204]

Las amígdalas, que deben su nombre de origen griego al vago parecido con una almendra, también se ocupan de gestionar los recuerdos del miedo, incluidos los reflejos condicionados asociados a él. Un ratón al que se le han eliminado las amígdalas no tiene intención de huir a la vista de un gato. Además, las amígdalas participan en el proceso de consolidación de todos los recuerdos a largo plazo. [▶77]

Sin embargo, gracias a las nuevas tecnologías de «fotografía» cerebral, empieza a quedar claro que un mal funcionamiento de las amígdalas –tanto por problemas genéticos, como por algún problema de neurotransmisión– puede estar relacionado con la ansiedad, el autismo, la depresión, las fobias y el estrés postraumático. Como queda claro en el último caso, el trauma de una guerra o violencia sexual cambia físicamente las amígdalas en poco tiempo. Es probablemente la estructura cerebral más sexualmente dismórfica que existe, es decir, la que más distingue al cerebro de tipo masculino del de tipo femenino. [▶185]

3.2.3 Hipocampos

Después de la corteza frontal, los hipocampos son probablemente la parte menos conocida y más controvertida científicamente del cerebro. Para tener una idea, *The hippocampus book*, un volumen de neurociencia publicado por Oxford University Press, tiene cinco dedos de altura: 840 páginas. Con una forma que recuerda vagamente al caballito de mar, de ahí el nombre que le asignó en el siglo XVI el anatomista boloñés Giulio Cesare Aranzi, los hipocampos se encuentran en ambos hemisferios entre el tálamo y los lóbulos temporales de la corteza. En pocas palabras, tienen que ver con la memoria y el espacio.

Son responsables de la instalación de recuerdos episódicos, es decir, de recuerdos de experiencias personales. También juegan un papel en la memoria semántica, que puede incluir nociones triviales o reglas sociales complejas. Finalmente, son fundamentales para la consolidación de la memoria, de corto a largo plazo. Se ha demostrado que el daño al hipocampo hace que sea imposible formar nuevos recuerdos, dejando los viejos intactos (almacenados en otra parte del cerebro) y preservando la memoria implícita, o la capacidad de aprender nuevas habilidades manuales (organizadas en otras partes del cerebro).

Los hipocampos están modulados por los sistemas de neurotransmisores de serotonina, dopamina y norepinefrina. [▸33] Pero los científicos han notado que también son atravesados por una misteriosa onda de impulsos eléctricos cada 610 segundos, lo que se llama ondas Theta (a una frecuencia de entre 6 y 10 hercios). Según estudios recientes realizados en la Universidad de Berkeley, parece que las diferentes frecuencias Theta sirven a su vez para transmitir información, como se verifica a través de los electrodos implantados en el cerebro de un ratón que intenta navegar dentro de un laberinto.

De hecho, la navegación es el otro *core business* (actividad principal) de los hipocampos, como demuestra el famoso estudio sobre el cerebro de los taxistas londinenses que, para obtener la licencia, deben haber memorizado el mapa de la enorme ciudad, reencontrándose mágicamente con la parte posterior de los hipocampos agrandada.

Estos dos pilares del sistema límbico contienen una gran cantidad de receptores de cortisol, lo que los hace particularmente vulnerables al estrés a largo plazo. Existe evidencia de que el hipocampo de las personas afectadas por estrés postraumático está parcialmente atrofiado. También parece haber un vínculo con la depresión severa y la esquizofrenia.

3.2.4 Hipotálamo

Para ser tan pequeño, asume una tarea colosal: asegurar la supervivencia. El hipotálamo, una estructura de 4 gramos, de 4 milímetros de grosor y enterrada en el centro del cerebro, recopila la información más dispar que llega del cuerpo. Y, si es necesario, acciona las palancas químicas y neuronales para garantizar el mantenimiento de la homeostasis, es decir, el adecuado equilibrio de los recursos vitales.

El hipotálamo vive justo en el centro del cerebro, donde se encuentran los dos hemisferios, colocado por debajo y frente a los dos tálamos. Tiene una estructura de izquierda y derecha, pero, a diferencia del tálamo, aparece como uno y como tal es aquí considerado.

A través de sus numerosos núcleos, las unidades operativas que lo componen, controla, entre otras cosas, la temperatura corporal, mide la ingesta de agua y alimentos mediante la sed y el hambre, dirige ese flujo fisiológico continuo llamado ritmo circadiano [▸122] y regula la conducta sexual.

El diminuto hipotálamo es tan poderoso porque, además de su arsenal neuronal, mantiene bajo control a la hipófisis (o glándula pituitaria), la reina del sistema endocrino que habita en sus inmediaciones. La glándula pituitaria produce ocho hormonas que son esenciales para la homeostasis, dos de las cuales son sintetizadas por el propio hipotálamo. Van desde la estratégica hormona del crecimiento (que estimula la reproducción y regeneración celular) hasta la hormona liberadora de corticotropina (que sirve para contrarrestar el estrés). Van desde la oxitocina y la vasopresina (dos neurotransmisores necesarios para enamorarse) hasta la prolactina (que regula la lactancia materna) y la gonadotropina (que dirige el desarrollo sexual).

En resumen, el hipotálamo no se encarga simplemente de la supervivencia, sino de toda la continuación de la especie.

3.2.5 Ganglios basales

En el corazón de los dos hemisferios cerebrales existe una auténtica colección de núcleos de materia gris —cada uno con su propia configuración anatómica y neuroquímica— bien conectados tanto con los planos superiores de la corteza como con la planta baja del tallo cerebral. Están asociados al movimiento voluntario y al automático, al movimiento de los ojos, pero también a las emociones y a las cogniciones.[1]

---

1. Los ganglios basales en realidad incluyen componentes cerebrales que surgen del telencéfalo, el diencéfalo y el mesencéfalo, o tres de las cinco subdivisiones del cerebro en forma embrionaria. [▸52]

Putamen

Son estructuras redondeadas de tamaño considerable que se ubican por encima del tálamo y que participan en el complejo mecanismo del movimiento. No es sorprendente que el putamen esté relacionado con trastornos degenerativos como la enfermedad de Parkinson, que afecta al sistema motor.

Núcleos caudados

Están presentes en ambos hemisferios, se originan en el putamen y lo envuelven en una especie de espiral que se va estrechando gradualmente. También involucrados en el sistema motor y en el párkinson, realizan funciones cognitivas (aprendizaje, memoria, lenguaje) y psicológicas: las pruebas con resonancia magnética funcional muestran que el núcleo caudado «se ilumina» ante la vista del ser querido, pero también frente a la belleza en general. Junto con el putamen, forman el cuerpo estriado dorsal.

Núcleos accumbens

Aquí también es acertado el plural porque estas estructuras redondeadas están presentes en ambos hemisferios. Están involucrados en el sistema de recompensa, siendo un componente vital de la llamada «vía mesolímbica», que transporta la dopamina [▶33] desde el área tegmental. [▶52] De hecho, están implicados en los casos de adicción. Sin embargo, en tiempos más recientes se ha encontrado que el núcleo *accumbens* también está activo en la repulsión, lo opuesto a la recompensa. Desempeña un papel en la impulsividad y en el efecto placebo. Junto con el tubérculo olfatorio, forma el llamado «estriado ventral».

Cuerpo estriado

Los núcleos estriados ventral y dorsal (la suma de los componentes descritos anteriormente) forman el cuerpo estriado, asociado en general al refuerzo del aprendizaje y otras funciones cognitivas, pero también a la recompensa y su eventual refuerzo más allá del umbral de la adicción. En general, el cuerpo estriado se activa cuando se tiene una experiencia agradable o simplemente se espera que llegue dicha experiencia. [▶73]

Globo pálido
Recibe información del cuerpo estriado y la envía a la *substantia nigra*. Desempeña un papel clave en los movimientos voluntarios.

Subtálamo
Recibe inputs del cuerpo estriado y contribuye a modular el movimiento.

3.2.6 Giros cingulados

Estamos en el medio, entre el cerebro de los mamíferos y el de los primates. Los giros cingulados –estructuras oblongas que en ambos hemisferios envuelven al cuerpo calloso– [▶24] son parte de la corteza cerebral, pero, considerándolas parte integral del sistema límbico, las incluimos aquí.

Desde el punto de vista de la arquitectura cerebral, podríamos decir que la corteza cingulada es análoga al ático del aparato límbico. Al recibir información tanto de arriba (de la corteza) como de abajo (de los tálamos), [▶57] los giros cingulados están involucrados en las emociones, [▶125] en el aprendizaje y en la memoria. [▶77] No es sorprendente que jueguen una larga lista de roles literalmente vitales.

La parte anterior está involucrada tanto en funciones básicas (como la presión y los latidos del corazón) como en funciones complejas (como el control emocional, la predicción y la toma de decisiones). La parte posterior, por otro lado, es un elemento clave de la red en modo predeterminado (*default mode network*), [▶174] pero también interviene en la recuperación de los recuerdos y en la conciencia. [▶136]

3.3 CEREBRO «PRIMATE»

La construcción de los pisos superiores del cerebro comenzó en los mamíferos hace cientos de millones de años. El telencéfalo (como se le llama a la última sección del cerebro en forma embrionaria) [▶52] ha evolucionado progresivamente hacia la corteza cerebral, el componente más poderoso y sofisticado del cerebro de los ratones, los gatos, los monos y los humanos en la actualidad. Los reptiles y las aves poseen el palio, que algunos llaman «corteza», pero que no lo es.

A lo largo de eras geológicas enteras, la corteza se ha desarrollado aún más, distinguiendo, entre los primates, a los homínidos. El género *Homo* apareció hace unos 2 millones de años y la corteza de los *Homo sapiens* de hace 200 000 años –la única especie que queda, tras la extinción de los neandertales– se ha vuelto enorme, casi hipertrófica en comparación con el resto. Se cree que la destreza manual del pulgar oponible, las habilidades depredadoras de la visión frontal y estereoscópica, así como las oportunidades sociales que ofrece el lenguaje primitivo, han contribuido enormemente. La corteza se ha ido desarrollando más hasta que, hace unos 50 000 años, apareció la cultura y el comportamiento humano «moderno», el *Homo sapiens sapiens*. Sólo para tener una idea, la corteza representa casi el 90 % del peso de todo el cerebro.

Aquí se encienden los fuegos artificiales del cerebro. Es aquí donde se procesa y cataloga el caos de información que cae de los periféricos conectados, como la piel o los ojos. Es aquí donde nacen y se arraigan los recuerdos nuevos, luego se clasifican y se asocian al conocimiento ya acumulado. Gracias al notable poder de cómputo de la corteza cerebral, eres capaz de reflexionar, imaginar, comparar, decidir y cambiar de opinión.

La corteza cerebral es el triunfo de la materia gris, es decir, el típico engrosamiento cerebral que agrupa a las neuronas, a las células gliales y a los capilares, con ese color entre grisáceo y rosáceo observado por los primeros anatomistas de la historia. El gris se distingue bien de la materia blanca que se encuentra aquí y allá en el cerebro, pero en particular debajo de la corteza, donde se encuentra el cuerpo calloso, cientos de millones de axones que conectan los dos hemisferios corticales entre sí con la típica huella cromática de la mielina blanca.

Presente exclusivamente en el cerebro de los mamíferos placentarios, el cuerpo calloso es parte integral e indispensable de los mecanismos cerebrales más complejos, como la inteligencia y la conciencia, porque les mete el turbo a los dos hemisferios de la corteza. [▸29, 45]

3.3.1 Corteza cerebral

Si cogieras un mantel de 2 metros^2, lo extendieras sobre la mesa y luego lo apretaras hacia el centro, como para encajarlo en un jarrón o en una caja, te saldría algo retorcido y arrugado, muy parecido a una corteza cerebral. Eso es exactamente lo que hizo la evolución. Para aumentar el espacio disponible, dentro de un cráneo cada vez más grande, organizó la materia gris de la neocorteza, la parte más desenfrenada y evolutivamente más joven de tu cerebro, en forma de circunvoluciones.

Los valles, para definir las partes cóncavas del mantel, se denominan «surcos». Las montañas, o las partes convexas, se llaman «giros». Las fisuras, en cambio, son surcos más profundos que distinguen los cuatro lóbulos de la corteza, a su vez bautizados como el hueso correspondiente del cráneo: el lóbulo frontal (sede del pensamiento abstracto, del razonamiento, pero también de la sociabilidad y de la personalidad), el lóbulo temporal lateral (audición, comprensión, lenguaje, aprendizaje), el lóbulo parietal en la parte superior de la nuca (tacto, gusto, temperatura) y el lóbulo occipital detrás de la nuca (vista).

Finalmente, hay una gran división por la mitad, llamada «fisura interhemisférica», que separa la corteza prominente en dos hemisferios. Por tanto, los lóbulos siempre son dobles.

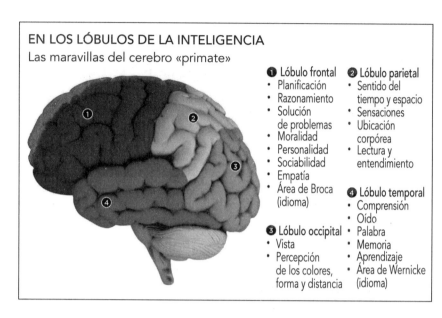

EN LOS LÓBULOS DE LA INTELIGENCIA
Las maravillas del cerebro «primate»

❶ Lóbulo frontal
• Planificación
• Razonamiento
• Solución
  de problemas
• Moralidad
• Personalidad
• Sociabilidad
• Empatía
• Área de Broca
  (idioma)

❸ Lóbulo occipital
• Vista
• Percepción
  de los colores,
  forma y distancia

❷ Lóbulo parietal
• Sentido del
  tiempo y espacio
• Sensaciones
• Ubicación
  corpórea
• Lectura y
  entendimiento

❹ Lóbulo temporal
• Comprensión
• Oído
• Palabra
• Memoria
• Aprendizaje
• Área de Wernicke
  (idioma)

Durante algún tiempo, se creyó que los dos hemisferios realizaban tareas fundamentalmente diferentes y que cada usuario tenía un hemisferio dominante, digamos, preferido. Así nació la leyenda: hay quienes tienen un «cerebro izquierdo» y, por lo tanto, son expertos en matemáticas y lógica, y quienes tienen un «cerebro derecho» y son más creativos e inclinados a las artes. No es verdad. [▶213]

De hecho, en el caso de la hemisferectomía (la extirpación quirúrgica o desactivación de un hemisferio, realizada en el caso de síndromes epilépticos raros), el cerebro y los procesos cognitivos a menudo vuelven a funcionar con el tiempo, especialmente si el paciente es un niño, capaz por definición de exhibir una plena plasticidad cerebral. En el mundo hay un pequeño número de usuarios que viven más o menos normalmente con un solo hemisferio. Esto no quiere decir que los dos hemisferios no exhiban sus respectivas peculiaridades, lo que los neurocientíficos llaman lateralización. Los ejemplos más famosos y bien establecidos son los del área de Broca (producción del lenguaje) y el área de Wernicke (comprensión del lenguaje), que generalmente se encuentran en el hemisferio izquierdo, pero también en el hemisferio derecho de algunas personas zurdas. Y no hay que olvidar que los datos provenientes de los periféricos sensoriales invierten ambos hemisferios, pero a su vez con una modalidad invertida: la información del ojo derecho es procesada por el lóbulo occipital izquierdo, o el tacto de la mano izquierda es calculado por el lóbulo parietal derecho.

El «mantel» de la corteza cerebral tiene entre 2 y 4,5 milímetros de grosor. Sin embargo, esa materia gris fina y blanda está bellamente compuesta por seis capas neuronales, cada una de las cuales tiene sus propias características estructurales, tanto por los diferentes tipos de neuronas que contiene como por las conexiones con otras áreas de la corteza o áreas subcorticales, es decir, bajo la corteza.

La corteza cerebral es lo más complejo del cerebro, que a su vez es lo más complejo que conocemos. Sin embargo, si bien el progreso tecnológico permite a la ciencia observar cada vez mejor los mecanismos del cerebro, ya hay evidencia de que no hay dos cortezas iguales en el mundo o que funcionen exactamente de la misma manera.

Esto es extraordinario, porque sólo una pequeña variación del 0,1 % en el genoma determina las diferencias entre un aborigen de Australia y un inuit de Groenlandia, que por lo tanto son genéticamente casi idénticos. Sin embargo, el 100 % de los cerebros de los *sapiens* son únicos en el mundo.

Lóbulo frontal

Bienvenido al centro de mando ejecutivo. Aquí, en la corteza frontal –y en particular en la corteza prefrontal, que ocupa la frente y el comienzo de la nuca– se concentran las funciones cognitivas más sofisticadas, como el pensamiento y el razonamiento, las creencias y el comportamiento, que es lo que verdaderamente distingue la versión de tu cerebro *sapiens* de todas las demás versiones anteriores. La corteza prefrontal está mucho más desarrollada que en la mayoría de los demás primates, y en muchos mamíferos parece no estarlo en absoluto. En los humanos, los lóbulos frontales alcanzan su función completa en los 25-30 años posteriores al inicio del cerebro. Esto explica en gran medida las marcadas diferencias entre la infancia, la pubertad, la adolescencia y la edad adulta.

Es imposible subestimar su papel. Para que te hagas una idea, te invito a realizar cuatro ejercicios seguidos:

- Elige un lugar de vacaciones de tu infancia e imagínalo como era, con el mayor detalle posible. Después imagina cómo podría ser hoy.
- Trata de imaginar, en una situación de conflicto armado de tu elección, la dura vida de una mujer que se queda sola con dos niños pequeños.
- Desde 101, cuenta hacia atrás restando 8 cada vez.
- Con la mano apoyada en la mesa, tamborilea con los dedos sucesivamente de un lado a otro.

Bueno, para cuando termines, habrás activado completamente los lóbulos frontales de tu cerebro. O, si lo prefieres, nunca podrías haber realizado estas tareas sin una corteza *sapiens*. Porque es en la corteza frontal donde podemos exhumar un recuerdo emocional mediado por el sistema límbico y luego modelarlo a través de la imaginación. Aquí es donde surge la empatía hacia otros seres vivos y, potencialmente, incluso hacia aquellos nunca conocidos. Aquí es donde se manejan los cálculos, el razonamiento lógico y el lenguaje. Pero también es aquí donde se regulan los movimientos voluntarios, como la articulación de los dedos en el teclado de un ordenador, y es aquí donde reside la corteza motora primaria, que te permite, entre otras cosas, caminar.

En pocas palabras, los lóbulos frontales son el centro de mando porque gestionan las llamadas «funciones ejecutivas del cerebro», como la memoria operativa, el control inhibitorio (la capacidad de reaccionar de manera diferente a lo habitual para lograr un objetivo), la gratificación diferida (la capacidad de resistir un deseo a cambio de una recompensa futura), la flexibilidad cognitiva (la capacidad de manejar múltiples conceptos a la vez), el razonamiento, la planificación y más. La personalidad está en gran parte en la corteza prefrontal.

Lo sabemos desde hace mucho tiempo gracias a un dramático accidente. De hecho, las deducciones científicas –antes del advenimiento de tecnologías de imágenes no generalizadas como PET, MEG y fMRI– se hacían comparando el cerebro antes y después de una operación, de una isquemia o de un traumatismo violento. Este manual evita cuidadosamente enumerar estos horribles eventos, pero no puede renunciar al más famoso de todos.

Estamos en 1848, en Vermont, y el señor Phineas Gage está trabajando en la construcción de un nuevo ferrocarril. Hay una explosión repentina y una barra de hierro de un metro de largo y tres centímetros de diámetro cruza el cráneo de Gage de abajo hacia arriba, perforando su lóbulo frontal izquierdo. Increíblemente, el pobre se las arregla para sobrevivir. Pero ya no es el mismo Phineas Gage que solía ser. Si antes era afable, amable y su conducta era irreprochable, ahora es temerario, mujeriego e irreverente. «El equilibrio entre sus facultades intelectuales y sus propensiones animales», resume John Harlow, el médico que describió el caso clínico, «parece haberse desmoronado». El caso de Gage es un hito en la historia de la medicina porque ha demostrado sin lugar a dudas que la biología y la psicología están estrechamente entrelazadas.

A todos los usuarios, pero especialmente a los que tienen la costumbre de llevar al cerebro en moto o a esquiar, les recomendamos encarecidamente que tengan cuidado de no traumatizar el centro direccional de mando.

Lóbulos temporales

Exactamente a ambos lados del cerebro primate están los lóbulos temporales. Adjuntos en primer lugar al lenguaje y a la percepción sensorial, se ubican justo a la altura del oído. Como puedes imaginar, se ocupan de procesar las señales de sonido provenientes de los periféricos auditivos a través de la llamada «corteza auditiva primaria», [▶117] la cual está conectada a las áreas secundarias, donde se interpretan sonidos y palabras. Justo al lado, pero sólo en el lóbulo temporal izquierdo, está el área de Wernicke, que está especializada en la comprensión del lenguaje, tanto escrito como oral. La investigación médica ha encontrado que las lesiones en esta área de la corteza dejan al paciente perfectamente capaz de hablar (porque de eso se ocupa el lóbulo frontal de Broca), pero sin que sus palabras puestas en fila tengan ningún significado.

Como ocurre en muchas otras áreas de la corteza, las capacidades de la corteza auditiva primaria están fuertemente ligadas a experiencias —en este caso auditivas— realizadas a una edad temprana y muy temprana. Por ello, un niño pequeño expuesto a diario a los sonidos de dos o tres idiomas diferentes será políglota cuando sea adulto. Pero si, por ejemplo, escucha uno de estos idiomas sólo durante los años de jardín de infancia, incluso sin convertirse en un hablante nativo, mantendrá cierta inclinación a discernir los sonidos de ese idioma. Por la misma razón, es muy difícil que un niño que nunca ha estado expuesto a la música en sus primeros diez años de vida se convierta en músico profesional. Incluso hay quienes teorizan que las experiencias auditivas que ya parten de la fase fetal (con los auriculares apoyados en el vientre de la madre) predisponen a la musicalidad del feto. En 2015, se lanzó en YouTube un vídeo de Dylan, un niño al que se le hizo escuchar música desde cinco meses antes de nacer y que es capaz de escuchar un acorde, incluso uno complicado, y decir instantáneamente los nombres de las notas que lo componen.

Los lóbulos temporales, sin embargo, están fuertemente involucrados en otros dos procesos fundamentales: la visión y la memoria. En el primer caso, reciben información visual de los lóbulos occipitales y la decodifican, asociando cada detalle, como rostros y objetos, a su nombre. En el segundo, los lóbulos temporales se comunican con los hipocampos y las amígdalas para formar recuerdos explícitos a largo plazo.

Lóbulos parietales

Son casi las ocho, hora del desayuno. Imagina esta escena normal a cámara lenta: tu mano se extiende para agarrar la taza de té, pero luego se retira porque está caliente. Instantáneamente cambias de método y sostienes la taza por el asa.

¿Qué tiene de especial todo esto? Mucho. Para empezar, esta acción mundana y despreocupada requiere de un sistema visual capaz de calcular información sobre la distancia que hay desde la taza hasta la mano, así como su forma y sus propiedades. Posteriormente, el movimiento se realiza con la precaución necesaria para verificar la temperatura exterior: se necesita entonces un sistema capaz de computar los datos enviados desde los receptores en la mano que reconvierte la estrategia en otro cálculo espaciosensorial enfocado en el asa de la taza. Simplificándolo mucho, podríamos decir que necesitamos dos lóbulos parietales.

Colocados en la parte superior de la nuca, justo detrás de los prominentes lóbulos frontales, los lóbulos parietales se ocupan de la percepción multisensorial y de su integración en el sistema motor. En este sentido, podrían considerarse como una «corteza asociativa», que combina las señales de todos los sentidos disponibles –vista, oído, termocepción, nocicepción, etc.– [▶108] con el objetivo específico de evitarte una quemadura cada vez que bebes té. A lo largo de toda la frontera que los separa de los lóbulos frontales, existe un área llamada «corteza somatosensorial» que controla el tacto; que también contiene un mapa espaciosensorial que permite decir que el dolor producido por la taza demasiado caliente provenía de la mano. Esta representación neuronal de todas las regiones táctiles se llama «*homunculus*» porque aparece desproporcionada por el número de receptores de las partes más sensibles del cuerpo: imagina una figura humanoide con manos y pies gigantes, así como una lengua protuberante. [▶120]

Los lóbulos parietales también participan en gran medida en el lenguaje y su decodificación.

Lóbulos occipitales

Así como el oído izquierdo envía las señales acústicas convertidas en señales eléctricas al lóbulo temporal derecho (exactamente en el lado opuesto del cerebro), el ojo izquierdo también envía las señales luminosas convertidas en señales eléctricas al lóbulo occipital derecho, justo en los antípodas de los ojos.

Decir que los lóbulos occipitales se ocupan simplemente de la vista sería algo simplista. Cada lóbulo debe recibir antes que nada la inmensa cantidad de datos que llegan desde la retina del ojo opuesto a través del tálamo y, además, invertidos. Después de eso, debe calcular simultáneamente el color de todos los objetos en el campo de visión; evaluar el tamaño, la distancia y la profundidad de campo; identificar objetos en movimiento o rostros familiares. Este complejo trabajo lo realizan diferentes áreas de la corteza, trabajando, literalmente, una al lado de la otra. Después de que la corteza visual primaria (conocida como V1) reciba la información sin procesar y detecte el movimiento, otras áreas se ocuparán, por ejemplo, de hacer asociaciones (V2), detectar colores (V4) o calcular formas, tamaños y rotación de objetos. La suma de todas estas operaciones produce la imagen en tiempo real de 120 grados, a todo color, tridimensional, en gran parte de alta resolución, que tu cerebro representa en este momento exacto. [▸113]

Pero eso no es todo, porque el lóbulo occipital a su vez reenvía información del campo visual al lóbulo parietal para realizar operaciones como agarrar una taza, y al lóbulo temporal para conectar la información visual del presente con el recuerdo de la información del pasado (y recordar que la taza puede estar caliente).

En resumen, hay una zona del lóbulo occipital que recibe información visual y otra que la interpreta. Es su trabajo en conjunto lo que te permite leer estas palabras y comprenderlas al instante.

4.0 CARACTERÍSTICAS PRINCIPALES

Tu cerebro es un producto multifuncional. ¿Tres en uno? ¿Cinco en uno? No, no, las funciones que realiza son muchas más. Tan numerosas y superpuestas entre sí que sería difícil, si no cuestionable, enumerarlas con precisión.

Se podría decir que tu cerebro puede pensar y reaccionar, recordar y olvidar, enamorarse y odiar, dormir y despertarse, comprender y aprender, construir y destruir. ¿Y qué más? Su fuerza, después de todo, es la fuerza de la humanidad.

Sin embargo, si tuviéramos que elegir sus tres o cuatro características principales, podríamos señalar con el dedo que el cerebro reorganiza continuamente sus conexiones, siempre intenta predecir el futuro, sabe reflexionar sobre sí mismo, sabe recordar y sentir el peso de su propia existencia.

La suma de todo esto se llama inteligencia.

4.1 PREDICCIÓN

Mientras vives el presente con más o menos serenidad, tu cerebro está constantemente ocupado imaginando el futuro. Numerosos experimentos neurológicos y psicológicos han demostrado la existencia de una función cerebral básica que nuestros antepasados, que carecían de tecnologías como la resonancia magnética, nunca podrían haber imaginado: la predicción. En pocas palabras, el cerebro predice constantemente sus propias percepciones. Es un poco como si estuviera siempre mirando hacia el futuro, más o menos próximo.

No te das cuenta, pero mientras caminas, tu cerebro predice con cada paso cuándo tu pie tocará el suelo. Si la predicción falla, porque hay un obstáculo o un agujero en el suelo, sabes lo que sucede y un estado de alarma instantáneo te impulsa a recuperar el equilibrio.

Si no nos anticipáramos a la trayectoria de los coches, no podríamos ponernos al volante: sería peligroso incluso cruzar la calle. Muchos deportes serían imposibles de practicar, porque no seríamos capaces de calcular la dirección de la pelota o predecir dónde la gravedad hará que aterrice. En el pasado, antes de que las listas de reproducción y el *streaming* rompieran el orden tradicional de la manera de escuchar las canciones, todo fan de los Beatles experimentaba un efecto curioso: al terminar de escuchar *With a little help from my friends*, en esa breve pausa, ya podía escuchar las primeras notas en su cabeza de *Lucy in the sky with diamonds*, incluso antes de que sonara en el disco.

Para ser exactos, tu cerebro está constantemente ocupado imaginando el futuro para compararlo con el pasado. En el caos de estímulos que recibe, utiliza viejas experiencias para anticipar percepciones que, presumiblemente, vendrán poco después. Sin embargo, cuando la predicción resulta ser incorrecta, como en el caso del paso truncado por un objeto, se basa en experiencias pasadas para corregir el error.

La ciencia también ha corregido un error, no hace muchos años. Durante siglos se ha creído que el cerebro reaccionaba a la información que le llegaba de los órganos de los sentidos. Hoy, sin embargo, sabemos que el cerebro no reacciona, sino que predice. Es por eso por lo que está constantemente activo y es atravesado por millones de reacciones químicas por segundo. El cerebro predice sentidos y sensaciones (por ejemplo, visuales, auditivas, olfativas) y las compara con experiencias pasadas incluso sin que tú te descuenta. Al menos hasta que llegue una señal inesperada que llame tu atención. Aquellos que conducen sus automóviles por una ruta conocida tienen constancia del efecto de deambular con la mente en otra parte hasta el siguiente semáforo en rojo.

Sin embargo, incluso cuando estás prestando atención, por ejemplo, mientras escuchas a alguien hablar, tu cerebro analiza automáticamente los sonidos, las sílabas y las palabras tratando de anticipar los sonidos, las sílabas, las palabras y, por lo tanto, las ideas que seguirán. Lo mismo sucede cuando vuelves a ver una película vieja (siempre prediciendo qué escena seguirá) o cuando ves una por primera vez (imaginando qué vendrá a continuación o cómo acabará).

La predicción está estrechamente relacionada con el sistema de recompensa [▸149] –uno de los mecanismos neuronales más importantes que influyen en el comportamiento– con la activación del circuito de la dopamina. [▸33] A principios del siglo xx, Ivan Pavlov descubrió el llamado «reflejo condicionado»: produciendo el mismo sonido cada vez que alimentaba a sus perros, el psicólogo ruso notó que entonces bastaba con volver a producir el sonido para hacerlos salivar automáticamente. Pavlov no tenía ni idea de que se trataba del circuito de la dopamina (que se descubriría más adelante, en 1958), pero sus experimentos sentaron las bases para el estudio de los procesos cognitivos.

Estudios con monos han demostrado que una vez que los primates han aprendido el mecanismo para obtener comida (como presionar un botón cinco veces), reciben una ráfaga de dopamina que, por definición, le da al cerebro una sensación de placer. Pero después de un tiempo, el flujo de dopamina no llega junto con la comida. Ni siquiera llega cuando el mono aprieta el botón. Llega antes, cuando el mono, feliz de haber descubierto el truco que le llenará el estómago, se prepara para apretar el botón. Es un mecanismo anticipatorio. Al contrario de lo que se pensaba, la recompensa no se recibe al final, sino antes de realizar la acción. Así resulta que la predicción neuronal, esta proyección del cerebro hacia el futuro, es el motor de la motivación. La dopamina limpia el cerebro para provocar una acción *ex-ante*, no para recompensarla *ex-post*.

Curiosamente, cuando los investigadores comenzaron a recompensar a los monos una vez sí y otra no, es decir, con un 50 % de probabilidades, las descargas de dopamina no se redujeron a la mitad: aumentaron a más del doble. Es decir, ante un cierto grado de incertidumbre sobre el resultado final, el sistema de recompensas incluso multiplica la sensación de bienestar modulada por la dopamina. Es quizá esta inconsistencia subyacente la que anima a muchos propietarios de cerebros en funcionamiento a jugar a la ruleta (una probabilidad de ganar sobre 38) o a las loterías (algunas con una probabilidad de uno sobre 622.614.630), a veces hasta el punto de no poder prescindir de ello. Desde otro punto de vista, se podría decir que el cerebro tiene esta obsesión por el futuro porque es la única manera que tiene de gestionar los imprevistos e incertidumbres de la vida, y que por tanto está motivado evolutivamente. La monstruosa cantidad de información, interna y externa, [▸108] que tu cerebro calcula cada segundo a menudo es poco clara y ambigua, por lo que la arregla tratando de imaginar lo que sucederá. Para ser exactos, debe hacer una gran secuencia de inferencias (del latín *inferre*, «traer») para predecir el futuro inmediato.

La inferencia bayesiana, que lleva el nombre de Thomas Bayes, sacerdote y matemático del siglo XVIII, se basa en un teorema estadístico que estima la variación de las probabilidades de un evento a medida que varía la información disponible («las probabilidades de A dado B son iguales a las probabilidades de B dado A, multiplicadas por las probabilidades de A, divididas por las probabilidades de B»). Las complejas estadísticas matemáticas que se originan a partir de la inferencia bayesiana han encontrado aplicaciones en ingeniería, medicina y filosofía. La neurociencia computacional, que estudia las funciones cerebrales en términos de procesamiento de datos, ve al cerebro como una máquina bayesiana que produce inferencias constantes sobre el mundo y las reajusta basándose en percepciones sensoriales reales. Un enfoque que está teniendo importantes repercusiones en el desarrollo de la inteligencia artificial. [▸249]

Pero la propiedad cerebral de la predicción también podría ser la clave para comprender la inteligencia humana. Jeff Hawkins, inventor de la Palm Pilot, un ordenador de bolsillo de los años noventa, fundó una *startup* de inteligencia artificial basada en estos mecanismos neurológicos. En su libro *On intelligence*, Hawkins define la inteligencia como «la capacidad del cerebro para predecir el futuro mediante analogías con el pasado», lo que incluso podría ser un poco simplista. «Nuevos estudios científicos», escribe Lisa Feldman Barrett, psicóloga de la Northeastern University, «sugieren que los pensamientos, las emociones, las percepciones, los recuerdos, las decisiones, las categorizaciones, la imaginación y muchos otros fenómenos mentales históricamente considerados como procesos cerebrales distintos pueden reunirse en un solo mecanismo: la predicción».

La predicción, una función cerebral que es completamente imperceptible para el usuario, requiere otro mecanismo importante para activarse de forma correcta. Para comparar el futuro incierto con el pasado conocido, el cerebro necesita una memoria incorporada.

4.2 MEMORIA

Tú eres lo que recuerda tu cerebro. Sin memoria, no podrías hablar, moverte en el espacio, tener relaciones sociales y, por tanto, ser lo que eres. Sería como estar privado de tu personalidad. Todos somos lo que nuestros antepasados nos han transmitido a lo largo de la historia. Sin memoria, la civilización humana y los grupos sociales que conocemos no existirían. La memorización de una lengua ha permitido la creación y el fluir de culturas, con torrentes de tradiciones orales, ríos de libros y hoy en día océanos de información multimedia.

Tu memoria instalada es 100 % compatible con la versión actual del sistema del cerebro. Es, de hecho, un equipamiento marcadamente humano. A lo largo del camino interminable de la evolución, la memoria se desarrolló primero como un mecanismo del miedo para recordarte que debes mantenerte alejado del peligro. En los vertebrados se ha agregado una memoria espacial para mejorar la navegación por el mundo, útil para presas y depredadores. En los mamíferos se ha desarrollado una especie de memoria social, con jerarquías y relaciones familiares. En los primates, ha aumentado la memoria motora de las habilidades manuales. En el hombre se ha sumado la memoria subjetiva, aquella que, a fin de cuentas, distingue a la personalidad en su arcoíris de matices y la proyecta en la sociedad. [▸156]

No existe un depósito central de información, sino que ésta, en cambio, se distribuye en una red sináptica tan compleja e intrincada que todavía queda por entender gran parte de ella. Cada fragmento de memoria (palabras, paisajes, emociones) se codifica en el área que lo creó (lóbulo temporal, lóbulo occipital, sistema límbico) y se reactiva cada vez que es recordado por la mente.

La memoria no sólo no es un proceso unitario, sino que existen múltiples tipos de memoria, cada uno codificado en diferentes áreas neuronales.

La *memoria a corto plazo* es realmente corta: unas pocas decenas de segundos. Es como si registrara continuamente los acontecimientos de nuestra vida, como las cosas, las personas y los escaparates que nos encontramos en un paseo por el centro histórico de la ciudad. Pero toda esta información, a menos que se recuerde a través de asociaciones o se haga un esfuerzo por memorizarla, pronto desaparecerá para siempre. Bueno, siempre y cuando no haya hipertimesia de por medio, una enfermedad muy rara que obliga a los desafortunados a recordar con todo lujo de detalles cómo estaban vestidos el 13 de abril de 2005 y qué palabras habían dicho antes del desayuno. Normalmente, a los humanos nos cuesta recordar incluso un número de teléfono que escuchamos hace unos segundos.

La memoria de trabajo forma parte de la memoria a corto plazo que, a modo de ejemplo, es la que utilizamos repitiendo mentalmente el mencionado número de teléfono para conservarlo unos segundos más. La memoria corta es esencial para fundamentar la memoria a largo plazo, que, en la práctica, es todo lo que sabemos. Reúne la reconstrucción de los hechos más importantes de una vida, un vocabulario de significados también en numerosos idiomas, un catálogo de las habilidades manuales y motoras más dispares y luego nuevamente nombres, números, rostros, lugares, hechos, nociones, emociones, sensaciones, cualidades, juicios, creencias.

Para los amantes de las clasificaciones, se suele dividir en dos:

- Memoria explícita, que puede ser episódica (el menú del último almuerzo navideño; la fecha de nacimiento de la madre) o semántica (Moscú es la capital de Rusia; se necesita una entrada para asistir al teatro).
- Memoria implícita, que se refiere a las memorias motoras automáticas (escritura con bolígrafo, montar en bicicleta) y, por tanto, también a reflejos condicionados. [▶73] Pero se podría agregar una memoria espacial, relacionada con la orientación en el espacio, como la capacidad de moverse en una ciudad conocida.

La *memoria a largo plazo* incluye tanto eventos recientes (la vieja amiga con la que nos hemos encontrado durante la caminata de esta mañana) como hechos lejanos (aquellas vacaciones de verano juntas). Es decir, el del amigo y el de las vacaciones son ejemplos de asociación, y la memoria humana funciona principalmente a través de mecanismos asociativos. Es mucho más fácil recordar un evento si lo conectamos a algo ya conocido. No es casualidad que los campeones de memorización utilicen estrategias asociativas, como el camino dentro de un entorno conocido, para poder recordar secuencias imposibles. Akira Haraguchi, un ingeniero japonés de setenta años, recitó los primeros 100 000 decimales de Pi de memoria en 2006 (3,1415926535, etc.), comenzando a las 9:00 h y terminando a la 1:28 h del día siguiente. Pero la memoria por asociación también produce algo más: la reconstrucción multisensorial de eventos. Aquellas dos remotas semanas a la orilla del mar parecían haber desaparecido de la memoria hasta que el encuentro con la amiga, coprotagonista de aquella película olvidada, también le recordó el calor de ese verano, el olor a pinos, el miedo a los exámenes, la copa del mundo de futbol en la televisión. La reconstrucción del pasado, sin embargo, condicionada por las emociones, a menudo puede resultar alterada y, a veces, completamente errónea.

Como cualquier buen archivador, la memoria a largo plazo necesita codificar información, almacenarla y saber cómo buscarla. Dado que no conocemos los mecanismos exactos de traducción bioquímica de la información, todo este proceso tiene que ver claramente con el aprendizaje, y, por tanto, con la consolidación de las sinapsis. [▶31, 81]

La repetición es necesaria para consolidar la memoria: lo decía la profesora de secundaria y lo dice la neurociencia. [▶169] Sin embargo, no es suficiente. Sin atención, es decir, sin que el cerebro se concentre en lo que leemos o escuchamos, la repetición sirve de poco. [▶165] Sin una motivación, sin el impulso interno de la curiosidad o el impacto emocional de una recompensa futura, como un título universitario, mantener la atención puede ser un desafío. [▶162]

Por otro lado, los recuerdos tienden a imprimirse muy bien cuando están asociados a un estado emocional fuerte, invariablemente ligado a episodios tristes o felices. Todos recuerdan dónde estaban y qué estaban haciendo cuando llegó la noticia de los ataques del 11 de septiembre de 2001. Cuando el evento es excepcionalmente intenso, sin embargo, la memoria puede sufrir un síndrome de estrés postraumático desagradable. [▶204] Por el contrario, hay casos de eliminación involuntaria completa de la memoria de eventos impactantes, especialmente cuando se experimentan en la infancia.

Finalmente, como ya se ha mencionado, la memoria es contextual, en el sentido de que la información se imprime junto con la información visual, auditiva y sensorial experimentada simultáneamente. En un intento de recordar un hecho o un dato, puede ser útil recordar el contexto al que se remonta: gracias al mecanismo de asociación, muy a menudo se puede recuperar la información faltante.

Pero ¿cuál es el tamaño de la memoria instalada en tu cerebro? La respuesta a esta pregunta crucial varía entre quienes consideran imposible el cálculo y quienes, como el profesor Terry Sejnowski del Instituto Salk de California, al hacer una comparación con la matemática binaria de los ordenadores, estiman que aproximadamente es de un petabyte, es decir, un considerable millón de gigabytes. Dicho esto, nunca hemos oído que nadie haya llegado al fondo.

Algunas personas bromean diciendo que el cerebro humano es el único recipiente en el mundo donde, cuanto más líquido se vierte, más contiene. Sin embargo, es cierto, al menos por tres razones. Porque el mecanismo asociativo de la memoria te permite ahorrar espacio, evitando muchas duplicaciones. Porque saber más de un idioma, aprender a tocar un instrumento o, en general, utilizar de modo activo la memoria para imprimir cosas nuevas, además de ralentizar el envejecimiento neuronal, [▶233] mejora de manera gradual las habilidades de aprendizaje: cuanto más líquido se vierte en el recipiente, más fácil resulta añadir más. Por último, porque aprender, comprender, profundizar, si no cambiar de forma radical tu idea o posición, en realidad agrega algo al cerebro, ya que lo cambia físicamente.

La memoria depende de la capacidad del cerebro para remodelar de continuo las conexiones, en cada momento que pasa. Es una característica estándar única, preactivada en tu cerebro antes incluso de la adquisición. Se llama plasticidad.

4.3 PLASTICIDAD

El anatomista piamontés Michele Vincenzo Malacarne hizo un experimento un tanto extraño y un poco macabro. Crio dos perros de la misma camada y algunas parejas de pájaros de la misma prole. Luego, con cierta paciencia, entrenó sólo a un animal de cada pareja durante dos años, dejando a su hermano esencialmente desprovisto de estímulos. Después de eso, los exterminó a todos. Diseccionó sus cráneos y comparó sus cerebros para ver si había alguna diferencia entre ellos.

Si Malacarne logró realizar el experimento sin ser molestado, que hoy al menos sería execrado, es porque se remonta a 1785. Un experimento destinado a aportar a la ciencia una información valiosa: los animales que habían recibido adiestramiento y mayores tensiones tenían visiblemente un cerebelo más desarrollado. En otras palabras, Malacarne había descubierto que las experiencias sensoriales cambian físicamente la estructura del cerebro. Lástima que, durante casi dos siglos, nadie haya prestado atención a su extraordinaria intuición, que volcó la idea arraigada de la inmovilidad sustancial del aparato cerebral.

Y no sólo cambia el cerebro, sino que lo cambia de manera constante. Simplemente mira un documental, lee un libro, asiste a una conferencia o charla con amigos en el bar: cada nueva información, cada nueva experiencia y cada deducción hace que algo se mueva en el microcosmos nanoscópico de las neuronas.

Esta característica evolutiva extraordinaria se llama «plasticidad». Es la base de los sistemas integrados de la memoria y el aprendizaje. Otros animales también lo tienen, pero en los mamíferos, y más aún en el *Homo sapiens*, está amplificado por la gran corteza cerebral y por la presencia de una cultura y una lengua.

La plasticidad agrega nuevas conexiones neuronales a través de los terminales de los axones en un lado, o de las ramificaciones de las dendritas y sus espinas en el otro. [▶28] Para tener una idea, el número de espinas, pero también su forma, puede cambiar en minutos o segundos. Aumenta o disminuye en el espacio de unas horas, en una frenética sucesión de nuevas y viejas conexiones, que modifican el cableado de los circuitos neuronales, aunque sea sólo mínimamente.

Pero también existe una plasticidad sináptica, que fortalece o debilita las conexiones entre neuronas. Fue Donald Hebb, un científico canadiense, quien supuso que si dos neuronas están activas al mismo tiempo, las sinapsis que las unen se fortalecen. Las neuronas que se activan juntas, se conectan juntas, establece la regla de Hebb. Las neuronas que se activan juntas, se emparejan y fortalecen el vínculo mutuo. A partir del trabajo de Hebb, se han descubierto los mecanismos de fortalecimiento sináptico, como la potenciación a largo plazo (LTP).

Dado que la memoria involucra numerosas áreas del cerebro, las estructuras fundamentales para su consolidación son los lóbulos temporales de la corteza, el hipocampo y las estructuras relacionadas del sistema límbico. La consolidación viene a través de la repetición. Los hipocampos, gracias a sus múltiples ramas sinápticas, sirven para ordenar información para que puedan asociarse entre sí. El circuito de Papez, descubierto por el neuroanatomista estadounidense James Papez, es un circuito neuronal de 35 centímetros que comienza en el hipocampo y regresa de nuevo a éste a través del sistema límbico y del lóbulo temporal de la corteza, y se creía que era esencial para el mecanismo de las emociones. En cambio, hoy sabemos que es fundamental para los mecanismos de la memoria: cuando las asociaciones generadas por un evento o información hayan realizado unas vueltas de alta velocidad por el circuito de Papez, se consolidarán físicamente en la corteza. Después de eso, es posible que ya no necesiten a los hipocampos. Esto explica por qué los pacientes con una lesión en ambos hipocampos no pueden formar nuevos recuerdos, pero recuerdan en silencio el pasado distante.

Lo contrario a potenciación a largo plazo se llama depresión a largo plazo, y es precisamente una reducción en la efectividad de las sinapsis que precede al olvido, también parte integral del aprendizaje, para racionalizar los recuerdos y evitar retener información inútil o no muy útil (a veces, lamentablemente, también destruye la útil). En la LTP, por otro lado, a medida que aumenta la intensidad de las señales de la neurona aguas arriba, crece la respuesta de la neurona aguas abajo, lo que se fortalece. Si te sientas a una mesa y memorizas un poema o una canción, cuando te levantes, tu cerebro ya será un poco diferente.

Con plasticidad, la evolución ha encontrado una solución indispensable para la vida tal como la experimentamos. Los circuitos neuronales y las sinapsis se reorganizan implacablemente para permitir que el cerebro aprenda de todo lo que lo rodea. De esta manera, el cerebro se deshace, al menos en parte, de las restricciones que le impondría su propio genoma, almacenado con sumo cuidado en el núcleo de cada una de sus células. Estamos exactamente en la encrucijada de lo que suena como un juego de palabras en inglés: *nature vs. nurture.* ¿Importa más la naturaleza impuesta por el ADN o la cultura que se estratifica con el aprendizaje del entorno circundante? Es una pregunta complicada, que tiene en sí misma implicaciones filosóficas y éticas. Hay quienes se inclinan por el primer planteamiento de la pregunta, otros por el segundo. Pero lo maravilloso del caso es que, sin miedo a la refutación, podemos simplemente responder: ambos cuentan. De hecho, afortunadamente no sólo uno. En un pasado lejano, se creía que la evolución del cerebro, después del tumultuoso desarrollo que va desde la era prenatal hasta los tres años de vida, se desacelera progresivamente, deteniéndose finalmente hacia el final de la adolescencia. Hoy, sin embargo, sabemos que, en respuesta a cambios en el comportamiento, el entorno, el pensamiento y las emociones, el cerebro cambia de manera imperceptible, pero constantemente. Tiene una capacidad innata para crear nuevas conexiones, para reorganizar las vías neuronales y, en casos extremos (después de determinados tipos de lesiones, por ejemplo), incluso para crear nuevas neuronas.

La idea de que el carácter, las habilidades y el talento permanecen estáticos durante toda la vida es completamente infundada. Por el contrario, cultivar la idea de que se puede mejorar el carácter, se puede cultivar el talento, se pueden aumentar las habilidades y, en el futuro, que se puedan corregir hábitos no deseados o que siempre se puede aprender un nuevo idioma abre nuevos horizontes a los propietarios de un cerebro inteligente y funcional como el tuyo.

Para conocer las funciones voluntarias, consulta la sección «Panel de control». [▶161]

Para corregir los efectos plásticos no deseados, consulta la sección «Hábitos y adicciones». [▶201]

4.4 INTELIGENCIA

Con la memoria del pasado, la plasticidad del presente y la anticipación del futuro, la inteligencia emerge del gelatinoso *wetware* del cerebro; es decir, la propiedad más grandiosa y espectacular proporcionada a su sistema nervioso central del tipo *sapiens NetWare*.

Definirla ya puede resultar complicado. Si la resumimos como la capacidad de percibir sensorialmente el entorno, procesar información y guardarla para eventos futuros, la inteligencia no es una prerrogativa humana, ni sólo de los primates ni exclusiva de los mamíferos. Miles de millones de años de selección de especies han distribuido diversos grados de inteligencia por todo el orbe terrestre, pero los primates y los mamíferos, a efectos de sus respectivas supervivencias, han podido hacerlo mejor.

Desde el género *Homo* (hace 2 millones y medio de años) a la especie *sapiens* (200 000), y hasta la subespecie *sapiens sapiens* (50 000), la sociabilidad, las herramientas, el lenguaje y más tarde la escritura han elevado progresivamente el listón hasta producir la imaginación de Leonardo, la inspiración de Bach y la racionalidad de Hegel. En otras palabras, es la capacidad consecutiva de comunicarse, comprender, aprender e inventar lo que ha marcado una diferencia evolutiva, desencadenando un círculo virtuoso que ha dado origen a la ciencia y al arte, a la música y a la filosofía.

Así, una definición de la inteligencia humana podría incluir comprensión, aprendizaje, autoconciencia, creatividad, lógica y la capacidad de resolver problemas para adaptarse a circunstancias de complejidad creciente. Sin embargo, hay quienes teorizan la existencia de varias categorías de inteligencia, como Daniel Goleman, con su inteligencia emocional (la capacidad de leer e interpretar las emociones de los demás), o Howard Gardner, que propone incluso nueve: naturalista, musical, lógico-matemática, interpersonal (que corresponde a la emocional), intrapersonal (la relación con uno mismo), lingüística, existencial, del cuerpo y del espacio. Llegados a este punto, también podríamos considerar la conciencia [▶136] como parte integrante de la inteligencia si no fuera por el hecho de que el desacuerdo científico y filosófico sobre cómo definir a ambas es tan fuerte que es bastante aconsejable darse por vencido.

A pesar de ese grosero sentido de supremacía hacia los demás animales del planeta que ha caracterizado al *Homo sapiens sapiens*, sería un error imaginar que la inteligencia inherente a nuestro genoma ha evolucionado aún más durante los últimos 50 000 años. Sin embargo, desde el pedernal utilizado para grabar tablas hasta el silicio de los procesadores que alimentan a los teléfonos inteligentes, la humanidad ha encontrado una forma de aumentar exponencialmente el conocimiento a su disposición: si en 1468, a la muerte de Gutenberg, había entre 160 y 180 Biblias en circulación, hoy en día se publican alrededor de 10 millones de nuevas páginas web a diario. Ésta no es una diferencia marginal.

La inteligencia ha sido objeto de intensos debates científicos, pero sobre todo ha sido un instrumento de disparidad. Durante mucho tiempo, asociada exclusivamente al talento (el don de la naturaleza) o a la clase social (la herencia), la idea de una inteligencia estática se fortaleció aún más a principios del siglo XX, con la llegada de las pruebas para medir el cociente intelectual (CI), a menudo utilizado para alimentar prejuicios étnicos y raciales. Lástima que Alfred Binet, el psicólogo que probó por primera vez la prueba de CI en las escuelas francesas en 1904, tuviera intenciones y opiniones completamente diferentes. Binet definió la inteligencia como el sentido común, el juicio o «la capacidad de adaptarse a las circunstancias». Como era de esperar, su objetivo era enseñar a los maestros cómo ayudar a aprender más y mejor a los cerebros jóvenes con dificultades.

Un siglo después, tenemos pruebas de que la opinión de Binet era correcta: la inteligencia no es algo estático, inamovible y predeterminado. Una prueba proviene del llamado efecto Flynn, del nombre del científico que lo descubrió (y que se retractó parcialmente): en el siglo transcurrido entre las primeras pruebas y hoy, el coeficiente intelectual promedio de la población ha crecido de manera constante. ¿Somos más inteligentes que nuestros abuelos y que nuestros bisabuelos? ¿Cómo es posible? Dado que la herencia genética no cambia en tan poco tiempo, la respuesta a este enigma, además de justificar algunas dudas sobre los métodos de medición de la inteligencia, sólo puede residir en la cultura.

Nuestros antepasados cazadores-recolectores, mucho antes de la invención de la agricultura, usaban un lenguaje primitivo, aprendían unos de otros y organizaban su sociedad tribal en un modelo cooperativo debido a la prominencia de su corteza cerebral. Los cerebros de una sociedad moderna globalizada, desde los primeros años de vida, cuentan con una gran variedad de opciones para sumar conocimiento y creatividad a su equipamiento intelectual. Hablamos tanto de soluciones de *software* (la voz de la niñera, la experiencia del jardín de infancia, juegos con amigos) y *hardware* (juguetes, libros, ordenadores, tabletas, videojuegos) capaces de asociar nuevos módulos a la versión del sistema cerebral instalado. Es cierto que el cerebro produce cultura, pero también es cierto que la cultura cambia físicamente el cerebro.

Si alguna vez se creyó que la inteligencia era una propiedad cerebral estática e inamovible, hoy sabemos que no lo es. De hecho, se ha demostrado que cuando el usuario de un cerebro cree que la inteligencia es un producto monolítico del destino, puede convertirse en víctima de la «amenaza del estereotipo», es decir, confirmar involuntariamente leyendas sobre la inferioridad intelectual de una raza, de una clase social o de una especie. Por el contrario, innumerables estudios psicológicos muestran que si el cerebro está convencido de que no tiene límites, realmente puede extender sus alas.

La psicóloga Carol Dweck, profesora emérita de la Universidad de Stanford, codificó y probó en el campo esta solución. Muchos niños están convencidos de que la inteligencia y el talento no se pueden expandir (lo que ella llama «mentalidad fija»), pero si se les anima a hacer la transición a una «mentalidad de crecimiento», los resultados educativos pueden ser sorprendentes. Según Dweck, a una mentalidad fija le resulta imposible escapar de las riendas del talento —«o lo tienes o no lo tienes», piensa— y, más o menos inconscientemente, interpreta el esfuerzo por aprender como algo inútil, además de agotador. El uso de más de una palanca psicológica, por ejemplo, cambiar el sistema de evaluación de suficiente/insuficiente a «lo has conseguido»/«todavía no», favorece un enfoque dinámico del aprendizaje. En otras palabras, se ha demostrado que la transición a una mentalidad de crecimiento es posible.

Por lo tanto, el cerebro se vuelve más inteligente si cree que puede volverse más inteligente. La regla, por supuesto, afecta no sólo a la infancia, sino a cualquier edad cerebral.

Pero ¿cuáles son los límites de la inteligencia? ¿Podrá la raza humana incrementar el poder intelectual de la especie sin los retrasos de la evolución natural? ¿O ha llegado a su fin la evolución de la inteligencia observada en este planeta, desde los sistemas nerviosos primordiales hasta el razonamiento abstracto?

La evolución ha producido numerosos especímenes de inteligencia, desde perros hasta ratones, desde delfines hasta humanos, y parece virtualmente seguro que los humanos podrán replicar el proceso. Simplemente asumiendo que el progreso tecnológico y científico avanza a buen ritmo y durante mucho tiempo, la futura construcción de una máquina con un nivel de inteligencia «humano» es esencialmente inevitable. Algunos dicen que para el 2050, otros que antes. Aunque sea diez años después, parece que la evolución de la inteligencia no está destinada a detenerse en el *Homo sapiens sapiens*, sino a continuar en forma de electrónica de estado sólido. Un poco como si la humanidad pasara el testigo de la inteligencia a los algoritmos. [▶249]

Bueno, no es impensable. Con los avances científicos en marcha, no es absurdo imaginar una convergencia futura entre la inteligencia biológica y la digital. Algo mucho más intenso que la tendencia actual hacia la «realidad aumentada» pero que va en la misma dirección, como los chips neuronales interconectados directamente con el cerebro. [▶242] Mientras tanto, con los avances gigantes en las tecnologías para transcribir el genoma, será inevitable buscar incluso esos pocos genes (1,2 % del total) que distinguen el genoma humano del de un chimpancé. Y los avances en las tecnologías de corrección genética (como el poderoso CRISPR-cas9, que permite copiar y pegar la información cromosómica) son el preludio de posibles intentos futuros de corregir y amplificar esos genes. [▶246]

La evolución de la inteligencia ciertamente no acaba aquí.

5.0 INSTALACIÓN

Tu cerebro te es entregado ya preinstalado. Por lo tanto, no es necesario realizar conexiones o configuraciones complejas para que funcione. Sin embargo, requiere algunos cuidados en la fase de puesta en marcha, que se extiende a los primeros años de vida, así como en el mantenimiento.

Para un correcto funcionamiento, es bueno cuidar desde el inicio la calidad del aporte energético (comúnmente conocido como alimento), los ciclos indispensables de recuperación y ajuste (sueño), y la eficiencia de todos los dispositivos mecánicos (ejercicio físico).

Te recordamos que el producto se te ofrece no cubierto por ninguna garantía.

Para conocer las funciones voluntarias, consulta la sección «Panel de control». [▶161]

Para características involuntarias o semivoluntarias, consulta la sección «Funcionamiento». [▶255]

5.1 ANTES DE COMENZAR

Es un evento extraordinario y ordinario al mismo tiempo. Es maravilloso y misterioso. Es casi perfecto, pero imperfecto. Es el ensamblaje del cerebro, el proceso de nueve meses que precede al inicio de la máquina más hermosa y complicada del mundo.

Tres semanas después del inicio de los trabajos, cuando la fábrica materna ni siquiera está informada de lo que está sucediendo, algunas células madre ya están empezando a reproducirse y a diferenciarse. Son las células del ectodermo, la más externa de las capas germinales que componen el diminuto embrión, listas para especializarse: pueden convertirse en las progenitoras de la piel, del esmalte dental o de las neuronas. En este último caso, el neuroectodermo se reorganiza para formar el llamado «tubo neural»: en la práctica, la fábrica de neuronas.

La cadena de montaje ya está en marcha. Las nuevas neuronas comienzan a migrar hacia el destino final que, misteriosamente, conocen: incluso dentro de un embrión de pocos centímetros de tamaño (alrededor de 0,4 micrones, millonésimas de metro), es un viaje larguísimo. Luego, una vez que llegan a su destino, comienzan a adquirir las propiedades típicas de esa área específica del cerebro. Desarrollan las dendritas y también el axón, que son el preludio de las primeras sinapsis.

Después de otras dos semanas, las neuronas nacen a la asombrosa velocidad de 250 000 células nuevas por minuto. Se están formando nuevas conexiones a una velocidad de cientos de millones por minuto. Y la migración, que tiene que viajar distancias cada vez mayores porque toda la estructura ha aumentado, adquiere el tono de una diáspora bíblica. Sin embargo, a pesar del tráfico de la hora punta, cada neurona sabe exactamente a dónde ir, qué hacer y en qué convertirse: todo está escrito en las instrucciones específicas para construir el individuo que se ensambla, almacenado en el ADN de cada célula.

Al cabo de nueve meses, la diferenciación celular habrá producido un ser humano en miniatura, con un hígado pequeño, un corazón pequeño y dos pulmones pequeños. Pero con un cerebro que tiene casi todos los 86 000 millones de células neuronales listos para el resto de su vida. Durante los siguientes 18 a 20 años, las neuronas crecerán de tamaño, junto con los axones mielinizados [▶29] y la población de células gliales. [▶41] Sin embargo, su número nunca aumentará. En todo caso, con el tiempo, disminuirá. [▶219]

El desarrollo neuronal generalmente se divide en dos partes. En la primera, actúan mecanismos independientes de la actividad sensorial:

la fase de ensamblaje se yuxtapone, regida por la fábrica biológica (alimentación, sueño, ejercicio físico y las emociones de la madre), pero sobre todo por las instrucciones del ADN. En pocas palabras, es la naturaleza. En la segunda, igualmente crucial, el desarrollo depende de la activación de los mecanismos sensoriales en el momento mismo del nacimiento. Es la experiencia directa con el mundo –táctil y visual, auditiva y sensible– la que agrega, modifica o elimina las sinapsis que distinguen a un ser humano de cualquier otro. En pocas palabras, es la cultura.

5.2 INICIO

Cuando el nuevo cerebro se desprende del cordón umbilical y comienza su aventura personal, se desata una tormenta sensorial. Una gran cantidad de fotones llegan a las células nerviosas de la retina, que envían impulsos al área visual primaria del lóbulo occipital. La voz materna produce ondas sonoras que, una vez que llegan al oído interno, se convierten en señales electroquímicas para ser enviadas a la corteza auditiva, ubicada en el lóbulo temporal. Como resultado de la información que llega de los órganos de los sentidos, las neuronas comienzan a multiplicar las sinapsis: [▶31] aguas arriba, las dendritas [▶28] se conectan a las terminales axónicas de otras células nerviosas; aguas abajo, los axones [▶29] se conectan a otras dendritas. Es la obra maestra de la plasticidad cerebral. [▶81]

Dado que la plasticidad garantiza el proceso de aprendizaje incluso en la edad adulta, parece lógico imaginar que, a lo largo de los años, a fuerza de absorber conocimientos, el número de conexiones sinápticas alcanza valores máximos. ¿Sí? Pues no.

El cerebro continúa en la actividad de la neurogénesis, la fabricación de nuevas neuronas, sólo hasta los primeros meses de vida, pero es alrededor de los tres años cuando exhibe el número máximo de sinapsis. Según algunas estimaciones, un niño de tres años tiene alrededor de 1000 millones de conexiones: cada neurona está conectada en promedio a otras 15 000. Un adulto tiene aproximadamente la mitad de ellas. Es una elección curiosa de la evolución que, en lugar de sumar las conexiones, ha encontrado preferible elegir la abundancia y luego hacer la sustracción.

Este proceso se llama «poda sináptica». Del mismo modo en que los jardineros podan los árboles y los arbustos, el cerebro tiene su propio sistema para cortar las conexiones no utilizadas y, al mismo tiempo, fortalecer las que se excitan con regularidad. Esta monumental reorganización se prolonga durante varios años, al menos hasta el final de la adolescencia, y afecta también a las neuronas que, cuando no reciben ni envían información, ya no tienen razón de existir y mueren.

La plasticidad cerebral permite que las neuronas y las sinapsis se reorganicen en caso de lesión o pérdida de un sentido, lo que explica la rica experiencia auditiva y táctil de quienes no tienen visión. E incluso en la edad adulta, los cambios estructurales a una escala mucho menor permiten el proceso de aprendizaje. Pero es inmediatamente después del nacimiento cuando los *inputs* del exterior se vuelven cruciales para dar forma al cerebro de un nuevo ser humano.

Ahora bien, la supremacía cerebral del *Homo sapiens* depende del tamaño del cerebro (que no es el más grande en la naturaleza, sino el más grande en relación al peso corporal) y de la prominencia de una corteza cerebral, la del lóbulo frontal en particular, dedicada a funciones complejas como el pensamiento abstracto, el lenguaje, la empatía y la moralidad.

En este planeta ninguna otra especie tiene una niñez y adolescencia tan prolongadas, que claramente sirven para construir la arquitectura de la inteligencia, la conciencia, la autopercepción. [▶138] El tamaño del cerebro, el desarrollo de la corteza y la infancia prolongada están estrechamente relacionados entre sí. Desde el punto de vista evolutivo, fue la capacidad de crear cultura lo que favoreció el desarrollo de un cerebro eficiente, con una corteza capaz de funciones que sólo una larga fase de construcción puede hacer suficientemente compleja.

Como resultado, el entorno y la interacción social después del nacimiento determinan la calidad de la máquina del cerebro humano, al menos tanto como los cromosomas antes del nacimiento. Los cachorros de la raza humana necesitan mucha más atención que los cachorros de cualquier otra especie.

Durante milenios y milenios, mujeres y hombres han criado hijos, pero sólo en las últimas décadas, la ciencia ha profundizado en los detalles de este proceso que, en conjunto, dibuja, generación tras generación, una civilización humana en constante cambio. Además de la plasticidad sináptica, el descubrimiento más importante se refiere al desarrollo de circuitos cerebrales durante etapas particulares de desarrollo, llamadas «períodos críticos». [▸169]

Los cimientos de las estructuras cerebrales responsables de la vista y del oído se establecen dos meses después del nacimiento. Los relacionados con el lenguaje y el habla, alrededor del séptimo mes. La base para las funciones cognitivas más complejas, por otro lado, se construye sinápticamente alrededor de los dos años. Existe una jerarquía en el desarrollo de los circuitos neuronales, porque cada cerebro madura con diferentes secuencias y tiempos. En el caso de la vista, por ejemplo, las áreas que analizan colores, formas y movimiento se completan primero, y luego dan espacio a funciones más complejas como el reconocimiento de un rostro o el significado de su expresión. Hoy la ciencia nos dice que existen enormes oportunidades para explotar períodos críticos. En cuanto a los riesgos, sin embargo, la historia puede ser suficiente para iluminarnos.

Federico II, emperador del Sacro Imperio Romano Germánico, hablaba seis idiomas con fluidez. Apasionado por la ciencia y el conocimiento, se preguntó cuál era el idioma original de los hombres, el que se les enseñó ancestralmente a Adán y Eva. Entonces, decidió llevar a cabo un experimento radical: cogió a un grupo de recién nacidos que crio en aislamiento, sin que nadie, ni siquiera quienes los alimentaban, les dijeran una palabra. El resultado es imaginable: ni una lengua ancestral, ni ninguna otra, serían habladas jamás por aquellos desafortunados niños.

Una máquina cerebral compleja, como la humana, debe iniciarse con mucho cuidado y atención. Para que el proyecto escrito en sus genes se exprese plenamente, se necesita un entorno adecuado y experiencias apropiadas. El entorno incluye la ingesta de los nutrientes correctos libres de toxinas (incluso durante los famosos nueve meses y durante la lactancia), así como un entorno social saludable y no demasiado estresante. La experiencia sensorial, que comienza suavemente en el útero, se vuelve explosiva cuando incluye la visión de una sonrisa, escuchar una voz, el sabor y el olor de la leche, la calidez de un abrazo, etc., a lo largo del despliegue natural de las fases de desarrollo a través de los períodos críticos. Pero una cosa está clara: las piedras angulares de la arquitectura del cerebro se plantan incluso antes de que el niño vaya a la escuela.

Los tiempos y la cultura también influyen en la manera de criar a las nuevas generaciones. A principios del siglo XX, muchos siglos después de los locos experimentos de Federico II, nadie prestaba tanta atención al crecimiento cerebral de los niños, que simplemente «crecían», reforzando de forma implícita la separación social entre quienes tenían la oportunidad de estimular el desarrollo de su cerebro –leer, viajar, ir al teatro– y quienes no. Hoy, por el contrario, hay quienes sostienen que los períodos críticos del desarrollo cerebral se agotan en los primeros tres años de vida.

El hecho es que la gran mayoría de los sistemas escolares no tienen en cuenta en absoluto estos descubrimientos recientes de la ciencia cognitiva. Si ese fuera el caso, por ejemplo, el aprendizaje serio de un segundo idioma comenzaría en el jardín de infancia, no más tarde.

5.3 REQUISITOS ENERGÉTICOS

Un cerebro humano pesa alrededor de un kilo y medio. En porcentaje, representa aproximadamente el 2 % del peso corporal. Sin embargo, consume del 20 % al 24 % del metabolismo basal, el gasto energético de un organismo en reposo. Si bien es una medida que varía según el tamaño corporal, la edad, el sexo y la salud, se podría decir que el cerebro tiene hambre de energía.

Sin embargo, si asumimos una tasa metabólica basal de 1300 kilocalorías, en el transcurso del día son algo más de 56 calorías por hora, lo que equivale a 63 vatios. El 20 % de 63 vatios son 12,6 vatios, por lo que el consumo cerebral está muy por debajo del de una de las viejas bombillas incandescentes. Se dice que Watson, el superordenador de IBM que en el año 2003 venció a los campeones humanos en el concurso *Jeopardy!*, un juego de preguntas estadounidense lingüísticamente arduo, consume 80 000 vatios por hora. [▸249] Por tanto, se podría decir que el cerebro es energéticamente eficiente.

El metabolismo de las células de la memoria y de la inteligencia requiere el aporte de nutrientes, largas fases de reposo y cortas fases de movimiento. Todo usuario, incluso basándose en los descubrimientos científicos más recientes, debe recordar hacer todo esto con inteligencia.

5.3.1 Alimentación

Existe un curioso vínculo entre el mundo vegetal y nuestro mundo cerebral. Ambos se alimentan de glucosa.

Las plantas aprovechan la energía de los fotones que llueven del sol para reorganizar los átomos de seis moléculas de dióxido de carbono extraídas del aire y doce del agua extraídas del suelo, para producir (junto con el agua y el oxígeno residuales) una molécula de glucosa, un azúcar que alimenta a la planta y que se convierte en reserva energética formada por cadenas más largas de carbohidratos.

El cerebro básicamente se alimenta sólo de glucosa. En un proceso inverso al de la fotosíntesis; la glucosa se sintetiza a partir de los carbohidratos ingeridos y se transporta por el torrente sanguíneo más allá de la barrera hematoencefálica, [▸46] donde proporciona un flujo continuo de energía a las neuronas. Gracias a una reacción química que requiere oxígeno, la glucosa se convierte en ATP o trifosfato de adenosina, la molécula que transporta a las células la energía química necesaria para el metabolismo.

El consumo de energía del cerebro, aproximadamente 120 gramos de glucosa por día, es básicamente estable durante veinticuatro horas, pero las regiones activas de la corteza queman un poco más de energía que las inactivas. Gracias a estas variaciones imperceptibles, ahora podemos estudiar las funciones cerebrales en tiempo real con tecnologías PET o fMRI. [▸242]

La excepción llega después de un largo ayuno. El cerebro retiene sólo modestas reservas de energía y, cuando la glucosa ya no está disponible, prolonga el funcionamiento (y su propia supervivencia) mediante el uso de combustibles alternativos. En particular, cuando la luz de reserva de la glucosa parpadea, aprovecha la energía de los llamados cuerpos cetónicos, moléculas solubles en agua que son sintetizadas por el hígado a demanda. Pero no dejes que parpadee por mucho tiempo: la hipoglucemia (falta de glucosa) puede causar pérdida de conocimiento, e incluso algo peor.

Uno pensaría que cuanto más azúcar se come, más satisfecho está el cerebro. Por un lado, tenemos la sensación de que esto es cierto: en cuanto los dulces receptores de la lengua se sumergen en un buen helado de chocolate, el cerebro libera endorfinas y dopamina que inducen una sensación de bienestar en su dueño. Pero, por otro lado, es totalmente falso.

Al comer un plato particularmente delicioso, los niveles de dopamina que hacen cosquillas al sistema de recompensa [▸149] se disparan. Sin embargo, si se repite el mismo plato durante cinco días, en el almuerzo y en la cena, los picos de dopamina se reducen de forma progresiva. El cerebro, en otras palabras, anima a su usuario a ser omnívoro, a ingerir siempre diferentes alimentos que puedan aportar al organismo todos los macro y micronutrientes que necesita. Por otro lado, incluso al comer dulces repetidamente, los niveles de dopamina no muestran signos de flexión. Y aquellos que se acostumbran demasiado al bienestar del azúcar pueden terminar sintiendo el deseo por él muy a menudo. Se llama adicción. [▸201]

De hecho, hay carbohidratos y carbohidratos. Los complejos, que se encuentran en los alimentos vegetales naturales (y en la leche), tienen largas cadenas de azúcares, que durante la digestión se dividen de forma gradual para producir glucosa que ingresa en el sistema circulatorio poco a poco, como si fueran pastillas que se deshacen lentamente. Los simples, que se encuentran en los granos refinados y en los alimentos procesados, están compuestos por cadenas más cortas, que se separan rápidamente y entran en la circulación de inmediato, como si fueran inyecciones. El problema es que si hay demasiada glucosa circulando, el páncreas produce insulina en seguida, lo que estimula a todas las células del cuerpo a almacenar glucosa para necesidades futuras. Todas excepto las neuronas que, como son las únicas células que no cuentan con un almacén, se encuentran de repente con un suministro inestable de glucosa.

Así es como se generan pequeños o grandes contratiempos al recordar información, procesar ideas, manejar estados de ánimo. Los carbohidratos, que en forma de glucosa son el combustible de la inteligencia, en forma de carbohidratos simples se convierten, en dosis elevadas, en el combustible del aturdimiento.[1]

«Nuestra investigación», dice Fernando Gómez Pinilla, profesor de la UCLA (Universidad de California, Los Ángeles), «muestra que la forma de pensar está influenciada por lo que uno come». En un experimento con ratones, descubrió que «una dieta prolongada con mucha fructosa altera la capacidad del cerebro para aprender y memorizar». Dicho de otra manera, los hábitos alimentarios determinan el grado de salud y eficiencia del cerebro. Cuando los niveles de glucosa son demasiado bajos, los procesos psicológicos como el autocontrol o la toma de decisiones se ven comprometidos. Pero cuando son demasiado altos, todo el sistema se ralentiza. Otros alimentos pueden nublar la mente, produciendo olvidos y dificultad para la concentración. En el cerebro de aquellos que son intolerantes a la lactosa, por

---

1. Durante siglos y milenios, los seres humanos han experimentado el sabor dulce sólo a través de la miel y la fruta. La sacarosa se produjo hace más de 2000 años en India utilizando caña de azúcar de Nueva Guinea. Pero para los romanos y los griegos era una medicina, rara vez disponible. Hasta finales de la Edad Media, fue algo exclusivo de los soberanos. Con el inicio de la era colonial y la expansión de la caña de azúcar en las Indias Occidentales, se convirtió en un alimento para los ricos. Recién entrado el siglo XIX, asumió la condición de bien de consumo, sólo para alentar récords de obesidad en el siglo XX.

ejemplo, el consumo de productos lácteos a menudo induce una «niebla» mental.

Gomez Pinilla y su equipo hicieron otro experimento. A algunos ratones, además de grandes dosis de fructosa, se les administró ácidos grasos omega-3, que se encuentran comúnmente en el salmón, las nueces y las semillas de lino, y observaron que «ayudan a minimizar el daño», contrarrestando los efectos del exceso de azúcar.

En los últimos años se ha hablado de los omega-3 como si tuvieran propiedades casi milagrosas: desde el cáncer y las enfermedades cardiovasculares hasta el autismo y la depresión. No obstante, mientras que para los tumores y los infartos no tenemos evidencia significativa, para el funcionamiento del cerebro existen estudios alentadores, y más o menos concluyentes, sobre su efecto positivo en los procesos cognitivos de un cerebro que envejece, hasta en cerebros jóvenes que sufren de déficit de atención [▶165] o comportamiento agresivo. Tomados en conjunto, sin embargo, fueron más que suficientes para sugerir el consumo habitual de salmón a todos, pero especialmente de otros peces más pequeños y de agua fría, como el arenque, la anchoa y la caballa, que contienen más EPA y DHA (dos tipos diferentes de ácidos grasos) y menos metales (como el temible mercurio). También se recomienda su consumo a las madres durante el período de gestación.

El cerebro es el órgano más activo metabólicamente que tienes. Si consume tanta energía es porque tiene que reciclar de continuo los neurotransmisores, así como restablecer los gradientes iónicos de las neuronas después de que se hayan «disparado» como metralla, cada pocos milisegundos. Por eso te vuelves tan vulnerable cuando los recursos energéticos escasean.

El vínculo entre el mundo vegetal y nuestro mundo cerebral tiene algo extraordinario. El sol, el gran reactor nuclear en el centro del sistema planetario, envía la energía necesaria para sostenerlo todo en la Tierra todos los días. Desde la fotosíntesis hasta el pensamiento.

Para obtener consejos prácticos, consulta la sección «Recomendaciones». [▶104]

5.3.2 Sueño

La bombilla eléctrica ha cambiado radicalmente el mundo. Para darse cuenta de esto, uno sólo necesita visitar un pueblo africano sin electricidad y descubrir, tal vez con sorpresa, que no se puede leer después del atardecer, excepto junto a una llama parpadeante. El invento de Thomas Alva Edison permitió que miles de millones de personas pasaran las 24 horas a voluntad, teniendo experiencias cerebrales por la noche que sus antepasados sólo podían experimentar durante el día. La única contraindicación: la luz artificial ha interrumpido el sueño.

El sueño es una evidente pérdida de la conciencia, es una especie de cambio del *cogito ergo sum*: al dormir, se inhibe la percepción sensorial del mundo. Sigues funcionando, pero es como si estuvieras en *stand-by*. Hasta los músculos voluntarios están dormidos, en una experiencia cuya dulzura es alabada por los poetas y bendecida por cualquiera que llegue exhausto a la cama, tal vez con el *jet-lag*.

Pero el sueño, evolutivamente tan antiguo que lo compartimos con mamíferos, aves, reptiles y peces, a veces se ha convertido en algo opcional, a veces en una molestia, gracias a la bombilla. «Dormir es una loca pérdida de tiempo y un legado de los tiempos de las cavernas», proclamó Thomas Alva Edison, orgulloso de su hiperactividad (y con cierto conflicto de intereses como fundador de la Edison Electric Light Company). Hoy, siglo y medio después, los políticos y directores ejecutivos se jactan públicamente de que duermen cuatro o cinco horas por noche. En realidad, ante este despliegue cerebro-muscular, ciudadanos y accionistas deberían preocuparse. El cerebro no funciona bien cuando se le priva del sueño.

Pero ¿por qué nos dormimos? Una pregunta difícil, por la sencilla razón de que existen demasiadas teorías. Sabemos con certeza que si se le priva de sueño, un cerebro funciona peor, comete errores, está irritable, es menos creativo y, si la privación llega a ser extrema, hay una consecuencia extrema: muere.

Existe la idea de que el sueño sirve para conservar energía, pero no es demasiado convincente porque el ahorro de calorías durante el sueño es modesto. Existe la idea de que, en la evolución, cumplió funciones de protección y seguridad, pero choca con el hecho de que estamos indefensos durante el sueño. Ciertamente existe un efecto curativo físico: incluso se ha demostrado que el sueño acelera la curación de heridas y fortalece el sistema inmunológico. Los hallazgos de los últimos años, sin embargo, documentan que el sueño sirve principalmente para limpiar, reestructurar la memoria a largo y corto plazo, contribuyendo así al proceso de aprendizaje. Ahora bien, según un estudio reciente, también sirve para limpiar literalmente el cerebro de toxinas dañinas, a través de una especie de sistema hidráulico, llamado sistema glifático (porque involucra células gliales [▶41] y se parece al sistema linfático), capaz de enjuagar moléculas altamente indeseables, como el péptido beta-amiloide, que se encuentra en grandes cantidades en los casos de alzhéimer. «La acumulación de beta-amiloide produce un sueño menos profundo y luego empeora la memoria», dice el estudio. «Cuanto menos sueño profundo experimenta una persona, menos capaz es su cerebro de limpiarse de esta desagradable proteína».

En cualquier caso, con el conocimiento recogido en las últimas décadas gracias a las tecnologías modernas, la idea de la aparente inutilidad del sueño se ha desmantelado por completo. No es cierto que el cerebro no funcione durante el sueño. De muchas formas, funciona más intensamente. La electroencefalografía, la tecnología que registra la actividad eléctrica del cerebro, se inventó en la década de 1920. Sin embargo, fue sólo a partir de la década de 1950 cuando los científicos, al usarlo, tuvieron la prueba de que el sueño no es un fenómeno indistintamente homogéneo, sino que se desarrolla a lo largo de una secuencia precisa de fases alternas. Estás en la cama leyendo un libro. Es muy probable que las ondas cerebrales que pasan por tu cerebro sean del tipo beta. Luego te quitas las gafas y apagas la luz: el ritmo se ralentiza produciendo las características ondas alfa. Poco a poco, vas sintiendo el cansancio y las ondas theta bajan cada vez más el ritmo hasta convertirse en delta y el sueño es profundo.

Pero la cosa no acaba aquí. En ciclos de unos 90 minutos, las ondas se alternan entre la absoluta inmovilidad de las ondas delta y la vivacidad de las theta, con los ojos moviéndose vertiginosamente. Es el sueño REM (*rapid eye movement*), la fase más peculiar de nuestro sueño. Aquí es donde se experimentan los sueños más vívidos. El cerebro está en pleno apogeo, un poco como si estuviera en la platea del cine.

Cuando hablando de dormir pasamos a los sueños, las cosas se complican aún más. En primer lugar, porque no existe un consenso científico ni siquiera sobre qué es la fase del sueño y para qué sirve. Después porque al sueño, comenzando por los antiguos egipcios que lo consideraban un mensaje de los dioses, a veces se le atribuyen funciones subconscientes (Sigmund Freud lo consideraba «el camino principal hacia el inconsciente»), metafísicas (contacto con lo sobrenatural, premoniciones) y paranormales (comunicaciones con el más allá).

Ciertamente sabemos que, además de los sueños, los soñadores también son completamente diferentes entre sí. Hay quienes recuerdan a menudo sus sueños y otros que casi nunca lo hacen. Pero luego nos olvidamos de casi todos, sobre todo porque son aburridos. La mayoría de la gente los ve en color, pero algunas personas los ven en blanco y negro, como en los televisores antiguos. Quienes son ciegos de nacimiento tienen una actividad onírica con experiencias auditivas, táctiles y olfativas más desarrolladas de lo normal, pero quienes han perdido la vista, incluso siendo muy pequeños, también pueden ver imágenes en los sueños. Parece que los sueños negativos y ansiosos son mucho más frecuentes que los felices. Y sabemos que no es cierto, como se ha creído desde hace tiempo, que los sueños sean exclusivos de la fase REM del sueño: aunque más raramente, es posible soñar también en las tres fases no REM. Pero es obvio que debe de haber alguna relación positiva entre el dormir y los sueños, al menos en la consolidación y reestructuración de la memoria.

Se ha demostrado que el sueño REM y los sueños desempeñan un papel preciso en el reajuste de los recuerdos almacenados, eliminando sinapsis redundantes o innecesarias, para retener informaciones importantes y borrar las innecesarias.

Incluso en las distintas culturas humanas, el sueño adquiere contornos diferentes. Un ejemplo perfecto es el *inemuri*, la siesta que los japoneses se echan en el lugar de trabajo: un poco para refrescarse, un poco para mostrar a sus superiores que trabajan al límite. En cualquier oficina, en Europa o América, tal comportamiento es execrable: en Japón es un plus. En cualquier caso, junto con el mito español de la siesta, se ha demostrado que un poco de sueño durante el día es muy beneficioso. Hay quienes teorizan los fundamentos científicos del *power nap* –la siesta que da fuerzas– siempre que dure poco tiempo (10-20 minutos) y evites caer en un sueño profundo.

Se dice que Leonardo da Vinci, Isaac Newton y Nikola Tesla durmieron poco y utilizaron la siesta, y el sueño en general, como un recurso para alimentar su creatividad. [▶174] Dmitry Mendeleev imaginó la estructura y disposición de la Tabla Periódica de los Elementos mientras dormía en la silla del laboratorio.

Nadie querría volver a vivir en un mundo sin iluminación eléctrica, que ha multiplicado las experiencias neuronales nocturnas. Pero la biología de tu cerebro no ha cambiado: lo mejor que puedes hacer por la noche es dormir.

Para obtener consejos prácticos, consulta la sección «Recomendaciones». [▶104]

5.3.3 Ejercicio físico

Todo el mundo conoce eso de *mens sana in corpore sano*. Las palabras escritas por Juvenal en sus *Sátiras* son tan famosas que han entrado entre los modismos de la lengua italiana. Porque es obvio que la mente está bien cuando el cuerpo también está bien.

Lástima que, según los estudiosos, la intención del poeta latino del siglo I d. C. fuera todo lo contrario. Con *orandum est ut sit mens sana in corpore sano* («debemos pedir a los dioses que la mente esté sana en un cuerpo sano»), quiso decir que debemos aspirar sólo a la salud de la mente y la salud del cuerpo, evitando recurrir a los dioses por asuntos mundanos como la riqueza y el honor.

Lo curioso es que ese lema, ahora imborrable, se ha ido interpretando a lo largo del tiempo a favor de la supremacía de la *mens*, del *corpo-*

re o de la estrecha interrelación entre ambos. Con el paso de los años, ésta última aparece como la mejor interpretación, no tanto desde la filología poética como desde la intuición popular: la mente y el cuerpo que la transporta por el mundo son uno.

Si bien es cierto que se necesita esfuerzo constante (y descanso) para construir una estructura sináptica elástica, acostumbrada al aprendizaje y a la memorización, el emblema perfecto de un hombre sano, el cerebro también necesita que el cuerpo se ejercite adecuadamente para obtener una serie de efectos bioquímicos en cascada.

Ahora está comprobado que las actividades aeróbicas regulares (como correr, nadar, remar, montar en bicicleta, caminar a paso ligero, pero también bailar) tienen una extensa variedad de beneficios para el cerebro a corto y a largo plazo.

En definitiva, el ejercicio aeróbico aumenta la frecuencia cardíaca (y por tanto aporta más oxígeno al cerebro) y ayuda a aliviar el estrés [▶204] (que no es muy bueno para el cerebro), favoreciendo la liberación de moléculas saludables para el bienestar psicofísico, definitivamente antidepresivo. Parece un catálogo de drogas, incluso legales: las beta-endorfinas (un opiáceo), la feniletilamina (un estimulante) y la anandamida (un cannabinoide). Éste último en particular, cuyo nombre proviene del sánscrito *ananda*, que significa «alegría» o «bienaventuranza», juega un papel en el sentimiento de euforia que experimentan quienes practican el *running* habitualmente, también llamado «el subidón del corredor». No es casualidad que no sean raras las crisis de moderada abstinencia de correr.

Sin embargo, a la larga, el ejercicio le regala a la mente lo mejor de sí mismo. Numerosos artículos científicos apoyan la idea de que la actividad aeróbica constante contribuye positivamente a la memoria operativa, la memoria espacial y la memoria declarativa; que mejora la capacidad de atención y la flexibilidad cognitiva, lo que hoy se conoce como «multitarea».

El ejercicio, en respuesta a los impulsos evolutivos que han diseñado el cuerpo y la mente del *Homo sapiens*, contribuye a la plasticidad cerebral y también al crecimiento y la supervivencia de las neuronas.

Siempre que la actividad aeróbica se prolongue en el tiempo, se produce un agrandamiento de la materia gris en varias áreas del cerebro, especialmente en la corteza prefrontal y el hipocampo, asociadas a las funciones ejecutivas del cerebro, es decir, las que marcan la diferencia.

Al menos por una vez, no hay problemas de consenso científico: la gallina de ejercicio produce el huevo de bienestar cerebral. Pero ¿quién fue primero, la gallina o el huevo?

Se sugirió la hipótesis de que hace dos millones de años, cuando nuestros ancestros lejanos cambiaron su estilo de vida convirtiéndose en cazadores recolectores, necesitaban una gran cantidad de actividad aeróbica de más. No en las cintas de correr de los gimnasios, sino en los bosques, persiguiendo presas. Además del cambio en la dieta, que en ese momento incluía mucha más proteína animal que en el pasado, existe alguna evidencia de que el ejercicio contribuyó al crecimiento sustancial de la masa cerebral, y de la corteza en particular, mejorando progresivamente también la funcionalidad cognitiva.

Sin embargo, es una prueba de cómo la *mens* y el *corpore* están indisolublemente unidos.

Para obtener consejos prácticos, consulta la sección «Recomendaciones».

5.4 RECOMENDACIONES

La nutrición, el sueño y el ejercicio adecuados son los tres requisitos energéticos fundamentales para el buen funcionamiento de tu cerebro. Pero hay algo más. Los tres tienen el potencial de cambiar la salud cerebral y la capacidad cognitiva.

Los enfoques sobre la alimentación, el sueño y el deporte varían de un país a otro y con el tiempo. Incluso la ciencia ha cambiado a menudo de opinión, pero, a fuerza de ensayos y errores, acumula un número cada vez mayor de certezas. A continuación presentamos algunas recomendaciones que se consideran válidas en la era actual, y en algunos casos sólo hijas del sentido común.

Para que funcione correctamente, tu cerebro debe saber que la comida, el sueño y el movimiento aportan moléculas exógenas (producidas fuera del cuerpo) y moléculas endógenas (producidas internamente), que son esenciales para desarrollar, nutrir y energizar la máquina que es.

ALIMENTACIÓN	SUEÑO	EJERCICIO FÍSICO
La recomendación estándar es darle al sistema digestivo una dieta variada y equilibrada, con muchas frutas y verduras y muy poca carne roja.	La recomendación estándar es dormir ocho horas por noche, no menos de siete. Niños y adolescentes deben dormir nueve.	La recomendación estándar es media hora de ejercicio aeróbico moderado la mayoría de los días. Al menos durante un total de dos horas y media a la semana.
El requerimiento de glucosa se complementa con otros carbohidratos como el pan integral, pero no con *snacks* dulces, que no aportan los azúcares adecuados para el funcionamiento de la máquina.	Si se tienen problemas para dormir, es bueno seguir el ritmo circadiano: evita exponerte a luces demasiado brillantes por la noche y, si es posible, duerme siempre a la misma hora.	Caminar rápidamente puede ser suficiente. Pero también actividades como correr, nadar, remar, montar en bicicleta, bailar o trabajar duramente en el jardín producen el mismo efecto.
En los últimos años se ha dado gran importancia al papel de los ácidos grasos. El omega-3, que se encuentra en el salmón y otros pescados de agua fría, en las nueces y en las semillas de lino, se sugiere en muchos casos, incluido el envejecimiento.	Si hay problemas para conciliar el sueño, una cena demasiado abundante por la noche, pero también el café, el alcohol y los cigarrillos, interfieren negativamente con el sueño. La oscuridad, silencio y un buen colchón, son de gran ayuda.	El ejercicio aeróbico se considera, a la larga, un antidepresivo y, a corto plazo, un eufórico. Promueve la producción de moléculas endógenas que se asemejan a un catálogo de fármacos: estimulantes, opiáceos y cannabinoides.

ALIMENTACIÓN	SUEÑO	EJERCICIO FÍSICO
Es necesario beber agua porque se necesita una abundante hidratación para el buen funcionamiento del cerebro.	Una siesta de no más de veinte minutos a media jornada tiene efectos beneficiosos sobre el sistema cognitivo.	El ejercicio aeróbico aumenta la frecuencia cardíaca y, en consecuencia, el flujo de oxígeno al cerebro.
Tu cerebro debe saber que la nutrición actúa directamente sobre las capacidades cognitivas, la memoria y el correcto funcionamiento general del sistema nervioso central.	Tu cerebro debe saber que el sueño no es opcional, sino que sirve para consolidar recuerdos y para limpiar el cerebro de toxinas. No se puede descuidar por mucho tiempo.	Tu cerebro debe saber que el ejercicio promueve la plasticidad cerebral, el crecimiento neuronal, las funciones cognitivas y la memoria.
La nutrición influye en el sueño y en la salud física.	El sueño influye en el bienestar del cuerpo y de la mente.	El ejercicio influye en el sueño y en la salud mental.

Otras recomendaciones para un excelente funcionamiento

- Interacciones sociales [▶141]
- Limitar el estrés [▶204]
- Meditación [▶233]
- Aprendizaje continuo [▶224]
- Mentalidad positiva [▶138]

6.0 FUNCIONAMIENTO

Tu cerebro es en gran parte automático. No es necesario que recuerdes respirar o mantener el corazón latiendo. Todos los periféricos sensoriales, como la piel o los oídos, están constantemente conectados. El flujo de emociones inunda continuamente tu cerebro, principalmente sin que tú lo decidas (ni quizá lo aprecies).

En la interacción continua con el entorno circundante, a lo largo de los años el cerebro da forma a su propia idea del mundo y de la vida, su propia y única personalidad. Por no hablar de todo lo que sucede por debajo del umbral de la conciencia, fuera de los confines del conocimiento. Podríamos definir el cerebro subliminal (del latín *sub limen*, «bajo el umbral») como ese conjunto de mecanismos inconscientes que afectan a la respuesta del cerebro –pensamientos, palabras y acciones– sin que el usuario se dé cuenta en lo más mínimo. El límite entre el comportamiento voluntario y el automático es tan incierto que hay quienes argumentan, no sin fundamento, que el libre albedrío, casi un estandarte de la civilización *sapiens*, ni siquiera existe. [▶153]

El mosaico de las muchas funciones involuntarias o semivoluntarias del cerebro es más que intrincado. Dejando de lado por un momento los dilemas filosóficos sobre la capacidad de controlar de alguna manera el propio destino, hay que señalar que no todas las funciones automáticas del cerebro están completamente fuera de tu control.

Puedes refinar tu sentido del olfato –como hacen los perfumistas–, puedes aprender a apreciar la música, a dominar el miedo, a darle la importancia adecuada al amor, a cultivar la personalidad, a ser más comprensivo con el resto de la humanidad. [▶141] Y mucho más.

6.1 SENTIDOS

Una amplia gama de periféricos te permite percibir el entorno circundante en muchos de sus matices. Los órganos de los sentidos, el mayor de los cuales es la piel, están conectados a áreas específicas del cerebro a las que envían un flujo impresionante de información al mismo tiempo: las sensaciones. Luego le toca al órgano central ordenarlos y darles sentido, transformándolos en percepciones.

Es inexacto decir que los sentidos son sólo la vista, el oído, el gusto, el olfato y el tacto tradicionales. Además de éstos, tenemos la percepción de cómo está posicionado el cuerpo (propiocepción), la sensación de equilibrio (equilibriocepción), la sensación de dolor (nocicepción), la sensación de vibración (mecanocepción) y la de temperatura corporal (termocepción). Y muchas otras, con frecuencia internas, como la sensación de plenitud posprandial o, por el contrario, la sensación de hambre. La complejidad de estos sistemas a menudo superpuestos o estrechamente relacionados con el cerebro es asombrosa.

Los seres humanos no tenemos todas las exclusivas, todo lo contrario. Hay insectos que ven la luz ultravioleta, murciélagos y delfines que usan el sonar, serpientes que son sensibles a la sangre caliente de sus presas, tiburones que sienten campos eléctricos, aves que se orientan por el magnetismo terrestre. Sin mencionar que, no muy raramente, el sistema sensorial y perceptivo humano también puede cometer errores. [▶195]

Pero hay mucho más. Los sentidos no transfieren exactamente la realidad al cerebro, en todo caso, la traducen. No hay colores, sonidos ni aromas en el mundo. Hay radiación electromagnética de fotones, que las neuronas receptoras de la visión interpretan como colores. Hay ondas longitudinales, que comprimen el aire y son transformadas por las neuronas receptoras auditivas en sonidos. Hay moléculas olorosas, que se unen a las neuronas receptoras olfativas y producen los efectos especiales del perfume.

A la descripción de los cinco sentidos principales y sus extraordinarias propiedades, agregamos –obviamente sin llamarlo «sexto sentido»– el sentido del tiempo o la cronocepción. ¿La razón? Es un factor fundamental en la percepción del mundo, recompuesto por el cerebro como un flujo continuo a través del caos de información que llega, cada fracción de segundo, desde el espacio-tiempo circundante. Es la sensación de existir.

6.1.1 Olfato

Al principio fue la nariz. El olfato es el sentido primordial, la dotación perceptiva con el origen evolutivo más remoto. Así como las primeras formas de vida unicelulares habían desarrollado la capacidad de *sentir* el pH del líquido en el que navegaban, es decir, las variaciones en el grado de acidez del entorno circundante, las especies animales posteriores han mantenido un equipo similar, aunque mucho más sofisticado, pero todavía basado en la química. Es cierto que los humanos no usan tanto el olfato como los perros o los ratones, pero también es cierto que muchos consideran el olfato casi como un sentido secundario, cuando no lo es en absoluto. La capacidad innata de medir químicamente el medio ambiente ha contribuido a la supervivencia de nuestra especie y de todas las que la precedieron. Incluso hoy en día, el sistema olfativo instalado en tu cerebro te ayuda a acercarte a los olores agradables y a evitar los desagradables y posiblemente peligrosos. Sin embargo, al estar firmemente conectado al sistema límbico, [▶56] tiene la capacidad de rememorar recuerdos de un pasado lejano, de encender emociones en el presente, pero, sobre todo, de operar también en un nivel subliminal –sin que el usuario se dé cuenta–, por ejemplo en cuestiones estratégicas cómo elegir al otro ser humano con quien organizar la continuación de la especie.

La demostración de que el mundo sensorial empieza por la nariz viene dada por las neuronas receptoras del olfato, una de las variaciones más extraordinarias sobre el tema de las células nerviosas. [▸24] Presta atención.

- Las neuronas olfativas están equipadas con casi 450 receptores diferentes, cada uno con su propia cerradura, donde los olores, las sustancias volátiles que se ciernen sobre un pastel caliente o sobre el cuello de una mujer perfumada, son las claves que desbloquean el mensaje electroquímico. El aroma del café lo dan casi 1000 moléculas odorantes diferentes, pero la información que proviene de los receptores es recompuesta en tiempo real por el cerebro como un solo olor. Se estima que los olores distinguibles por una nariz humana son al menos 20 000, pero hay quienes disparan esas cifras mucho, mucho más.
- Las neuronas olfativas son las únicas que literalmente abandonan el cerebro. Millones pueblan la parte superior de tu cavidad nasal, emergiendo del bulbo olfatorio que, situado bajo la corteza frontal, se encarga de ordenar la información de esa multitud de sensores.
- Las neuronas olfativas se encuentran entre las pocas capaces de realizar la neurogénesis. La regla dice que las neuronas, las únicas células del cuerpo humano incapaces de realizar la mitosis, nacen y no mueren como el resto, ya que mientras que el cerebro está bien empaquetado y protegido por las meninges y el líquido cefalorraquídeo, [▸46] las neuronas que se extienden hasta el ático de la cavidad nasal están expuestas al medio ambiente y, por lo tanto, corren riesgo de degeneración. La solución evolutiva fue la más obvia: hacerlas capaces de regenerarse.
- Y eso no es todo. En el genoma de un humano hay unos 25 000 genes, o 25 000 instrucciones para construir la complejidad de un cuerpo funcional y, además, pensante. Pues bien, 858 se dedican a la *construcción* de las neuronas receptoras olfativas, o el 3,5 % de todo el patrimonio cromosómico. Sin embargo, 468 de éstos son

pseudogenes, es decir, funcionalidades antiguas que ahora están inhabilitadas: una mutación los privó de la capacidad de codificar una proteína. Esto explica por qué el sentido del olfato en la humanidad, sin restarle importancia estratégica, es menos sensible que en otros mamíferos.

• Finalmente, como prueba definitiva de su remoto origen ancestral, el sentido del olfato es el único sistema sensorial cuya información no pasa por el tálamo. [▶57] Es decir, omiten intencionadamente los centros de distribución de comunicaciones con el exterior que, si se interrumpen, producen un coma. No sólo es el único sentido que permanece completamente encendido durante el sueño, sino se ha demostrado que funciona incluso en caso de inconsciencia total.

No es casualidad que el bulbo olfatorio se considere parte integral del sistema límbico: el centro receptor central de la nariz está bien conectado con las amígdalas y los hipocampos, es decir, con las emociones y la memoria. Marcel Proust compuso un monumento literario sobre el dulce sabor de las magdalenas que reaviva los recuerdos de la infancia (el sabor depende en gran medida del sentido del olfato). [▶109, 112] Sin embargo, por increíble que parezca, a los humanos les resulta difícil describir los olores con palabras. Aparte de los sumilleres que usan términos abstrusos y esotéricos para describir el vino («austero», «breve», «decadente»), es difícil para todos los demás ir más allá de «bueno» y «malo» o de algunos otros adjetivos genéricos. Hay varias hipótesis sobre la causa, y van desde la conexión directa entre el sistema olfativo y el módulo del lenguaje hasta la inadecuación estructural de muchos lenguajes.

Por otro lado, hay otra conexión directa para la que no faltan las palabras. Es el vínculo entre el bulbo olfativo y el módulo automático de reproducción sexual. En 1959 se descubrió que muchos animales e insectos pueden comunicarse químicamente a través de moléculas, en su mayoría inodoras, llamadas «feromonas». Los vertebrados y muchos mamíferos incluso tienen una segunda «nariz», llamada «órgano vomeronasal», especializada en percibir las señales provenientes de las feromonas. Los mensajes codificados en la señal química de las feromonas son numerosos y difieren de una especie a otra, pero en su mayoría giran en torno a algunos temas: sexo, comida, oportunidad, peligro.

¿Y las mujeres y los hombres? Aparte del hecho de que los análisis recientes parecen implicar un dimorfismo olfativo, es decir, una diferencia estructural en el sistema olfativo femenino y masculino, una plétora de estudios científicos aún no ha encontrado la existencia de las feromonas humanas. En algunos casos se ha comprobado la presencia de restos evolutivos de un órgano vomeronasal, pero que, sin embargo, no es funcional. Parece que esos frascos de feromonas humanas, a la venta en Amazon entre 8 y 150 dólares, son una linda estafa.

De hecho, un estudio de la década de 1970 describe el llamado efecto Wellesley (del colegio de mujeres de Massachusetts del mismo nombre), una supuesta sincronización de los ciclos menstruales de las mujeres que viven juntas, regulada por el olor. Pero esto no significa que el olfato no tenga su importancia en el linaje de la especie humana. El olor corporal, determinado por la genética, el medio ambiente, la higiene personal y la dieta, juega un papel importante en la elección del otro para aparearse.

Ya sabes, todo comienza en la nariz.

6.1.2 Gusto

Los restauradores del mundo, empezando por los que tienen tres estrellas Michelin, tienen una deuda de gratitud con la evolución. Si tu cerebro es capaz de exaltarse saboreando un plato de tortellini boloñesa, o incluso simplemente distinguiendo un Cabernet de un Merlot, no es porque nuestros lejanos antepasados necesitaran ser atormentados para animarlos a comer: ya se ocupaba de ello el hambre.

El sentido del gusto ha evolucionado por una razón mucho más práctica: distinguir los alimentos comestibles de los que no lo son, porque son venenosos o porque están en mal estado. En definitiva, si tenemos la sensación de que una pizca de trufa rallada encaja perfectamente en el huevo frito, es sólo por cuestiones prosaicas de supervivencia.

La lengua está poblada por miles de papilas. Cada papila (aparte de las llamadas papilas filiformes) contiene cientos de papilas gustativas. Cada una de ellas tiene entre 50 y 100 receptores gustativos. Olvídate de la antigua y arraigada idea de que la lengua se divide en zonas especializadas para el sabor dulce o el salado. Es mentira: los receptores capaces de percibir dulce, salado, amargo, ácido y *umami*[1] se distribuyen por toda la superficie de la epiglotis. Pero estos cinco sabores son sólo una fracción de esa enorme paleta sensorial llamada sabor.

Si el sentido del olfato se usa para percibir olores, el gusto por sí solo no es suficiente para sentir los sabores. El gusto se produce por la suma de la información que llega de los receptores de la lengua y de los mucho más sofisticados de la nariz, como siempre calculada en tiempo real por tu cerebro. No es casualidad que un severo resfriado tenga la autoridad de bloquear el camino a los placeres de la mesa.

Pero hay más. Lo que el cerebro percibe al masticar un plato de macarrones a la boloñesa se debe a la información que proviene de los sistemas gustativo y olfativo juntos, pero también a la de los mecanorreceptores que distinguen la consistencia de los alimentos, a los de los termorreceptores que registran la temperatura y a los de la mucosa que detectan la presencia picante de la pimienta. Todos reensamblados en el cerebro como uno solo. También en este caso, es la fuerza de la red la que se manifiesta en toda su útil complejidad. Útil para la supervivencia de la especie y para los amantes de la comida.

6.1.3 Vista

En este mismo *momento*, entre los miles de millones de fotones que rebotan locamente a tu alrededor, sólo unas pocas decenas de miles

---

1. El concepto de *umami*, una palabra japonesa para «sabor sabroso», es mucho más familiar para los cerebros que viven en Oriente, cuya cocina hace un gran uso del glutamato monosódico, también conocido como «potenciador del sabor».

han saltado del blanco de esta página a tu retina. Más de 100 millones de fotorreceptores, curiosamente colocados en la parte inferior, y no en la parte frontal del ojo, han convertido las señales de luz en señales eléctricas, traduciendo el lenguaje cromático de la luz a un lenguaje más comprensible para el cerebro, un poco como lo hace el sensor de una cámara digital. En realidad, sólo una pequeña parte de la retina, la fóvea, es capaz de concentrarse en la palabra «momento», debido a un pequeño número de fotorreceptores altamente especializados, que enmarcan las letras del alfabeto con una serie de fulminantes pero imperceptibles movimientos oculares.

Los impulsos eléctricos pasan por el quiasmo óptico, una especie de cambio ferroviario de agujas, y toman caminos opuestos: la información del ojo izquierdo pasa al hemisferio derecho y viceversa. Luego, pasando por los tálamos, llegan a los lóbulos occipitales *iluminando* el área llamada «corteza visual primaria». Hay otras áreas que proporcionan al cerebro la información necesaria, a menudo borrosa o de baja resolución, para calcular la percepción de una imagen completa, en movimiento y en tiempo real. Pero lo increíble es que, de la palabra escrita a la corteza visual, sólo han pasado 40 milisegundos: una vigesimoquinta parte de segundo. La asombrosa evolución del ojo a través de la selección natural ya había sido comentada por el propio Charles Darwin. «Parece absurdo en grado sumo», escribió en su libro *El origen de las especies*, sólo para adjetivar las razones por las que es así. La maravilla se logra a través de la sucesión de mecanismos ópticos, desde la córnea –de hecho, un cristalino que envía una imagen invertida a la retina– hasta los mecanismos mentales que acaban implicando a gran parte de la corteza. La luz que incide en dos retinas bidimensionales proyecta un paisaje tridimensional en tu cerebro. ¿No es asombroso?

Cada retina humana tiene alrededor de 6 millones de receptores cónicos y 120 millones de bastones que traducen, pero debería decirse que *transducen*, la luz en impulsos eléctricos. Sólo los conos pueblan la fóvea, la región visual de alta resolución, y junto con una miríada de bastones pueblan también el resto de la retina. Los que tienen forma de cono distinguen el color y requieren numerosos fotones para ser activados, mientras que, para los sustancialmente acromáticos en forma de varilla, un puñado de fotones es suficiente: por eso en un ambiente semioscuro la percepción de los colores se desvanece o desaparece.

Los receptores de conos son capaces de producir la magia del color con un truco replicado por la televisión que, mediante la tecnología RGB (rojo, verde, azul), reconstruye millones de colores combinando las frecuencias de tres píxeles distintos. Incluso sin utilizar precisamente el rojo, el verde y el azul del monitor, el cerebro recompone los colores a través de tres tipos de receptores cónicos, cada uno especializado en captar diferentes frecuencias del espectro electromagnético visible. El fenómeno, que te permite disfrutar de una puesta de sol o de un cuadro de Van Gogh, es aún más maravilloso cuando uno piensa que los colores en sí mismos son una fabricación del cerebro. No sólo «la belleza está en el ojo del que mira», como dice el refrán, sino también el color.

Por tanto, la luz visible es producida por fotones con una frecuencia más o menos de entre 430 y 750 terahercios (THz), es decir, que oscilan –dependiendo del color– entre 430 y 750 millones de veces por segundo. Cuando la luz solar ilumina un tomate, los componentes químicos de su piel son capaces de absorber la mayor parte de la radiación, pero no las frecuencias alrededor de los 500 THz, que entonces se reflejan. De esta manera, esos receptores en forma de cono se activan en tu retina que, dotada de una proteína llamada opsina y capaz de responder a esa frecuencia, producen la percepción del rojo en el cerebro. Un calabacín refleja frecuencias de alrededor de 550 THz, y un arándano, frecuencias de alrededor de 650, activando los otros dos tipos de receptores equipados con sus respectivas opsinas. Así, el amarillo del limón se genera en tu cerebro por una frecuencia que se encuentra entre el verde y el rojo, activando ambos receptores en diferentes grados. Un vaso de leche, en su blancura, los activa a todos por igual.

Si por casualidad tienes visión daltónica (un defecto genético, cuya versión más común confunde colores en el espectro verde-amarillo-rojo), es porque no tienes uno de los tres receptores. Por otro lado, muchos animales, en su mayoría pájaros e insectos, a menudo son capaces de percibir la luz ultravioleta porque tienen un cuarto tipo de receptor, capaz de captar esos fotones que oscilan incluso más rápido que el violeta. A sus ojos, los colores de cualquier flor son *completamente* diferentes de lo que tú ves.

Pero la tecnología no sólo robó la idea del RGB del cerebro. Durante años se ha creído que el sistema visual humano recibe una serie de imágenes en secuencia, un poco como cámaras de película que, capaces de grabar 25 o más imágenes por segundo, nos dan la impresión de un flujo continuo en el cine (sí, el opulento imperio de Hollywood se basa en una ilusión óptica). Pero entonces, se descubrió que incluso el cerebro tiene su propia estrategia para racionalizar el enorme flujo de datos que llega en cada milisegundo desde los órganos de los sentidos: la corteza visual corta la información de más y ahorra energía transmitiendo sólo las diferencias de la imagen. Esto es más o menos lo que hacen los algoritmos de compresión de datos de vídeo, que consiguen reducir el peso de los bits –los átomos del mundo digital–, para transmitirlos por las arterias de Internet. El sistema visual se ve obligado a utilizar los recursos disponibles de la mejor manera posible, debido a un problema inherente: los fotones que golpean tus retinas en este momento llevan mucha más información de la que realmente llega a los lóbulos occipitales.

Sí, la asombrosa maravilla de tu sistema visual está llena de fallos, incongruencias y redundancias que revelan el tortuoso camino recorrido por la evolución. Olvidémonos de los defectos conocidos, como la miopía y el astigmatismo. La fóvea es muy pequeña, alcanza un máximo de dos grados de la escena visual y el cerebro tiene que solucionar el problema con las sacádicas, que son movimientos bruscos y frecuentes del ojo, para poder enmarcar lo que quiere ver. En la retina, en el punto donde emerge el nervio óptico, no hay receptores y por lo tanto hay un punto ciego, donde el ojo no funciona. Sin embargo, el cerebro reconstruye una imagen borrosa y aproximada a nivel subliminal con el resultado de que tú no ves los dos agujeros negros que estarían a cada lado de tu campo de visión. Si recordamos que la visión tridimensional es una ilusión óptica y que los colores son más subjetivos que objetivos, el ojo realmente parece «un absurdo en grado máximo», como decía Darwin.

Después de pasar por el sistema jerárquico de las cortezas visuales que reconocen los bordes de la imagen en sucesión, a continuación sus colores y luego el movimiento y la posición en el espacio, la información «neurovisual» llega a los lóbulos parietales para el cálculo de datos espaciales y los lóbulos temporales para el reconocimiento de objetos, pero, sobre todo, de patrones recurrentes (*pattern*, en inglés). Y tu cerebro tiene una auténtica fijación con la *pattern recognition*, el reconocimiento de patrones. El módulo, ya instalado hace millones de años, era necesario para una función indispensable para las relaciones sociales: el reconocimiento facial.

Tu cerebro ve caras en todas partes, literalmente. En las nubes, en la luna, en paredes sucias o en charcos. Por cada rostro que encuentra en la calle, el módulo automático lo escanea en unos milisegundos y lo identifica como conocido/desconocido, similar/no similar, mujer/hombre, guapo/feo y quién sabe qué más. El reconocimiento de patrones no implica sólo la vista y, en algunos casos raros, puede ser objeto de una experiencia negativa, continua y espasmódica. Se llama «apofenia» [▶198] y consiste en identificar patrones incluso donde no existen: algunos los encuentra en los números extraídos de la lotería, otros en una mancha en la pared que se asemeja vagamente a una figura religiosa, otros en la adivinación de un vidente. Según algunos investigadores, como Michael Shermer, autor del libro *Homo credens*, esta forma automática es una de las muchas que ayudan a desarrollar creencias o fe incluso en cosas altamente improbables.

«Hasta que no lo vea, no lo creo», te oyes decir a ti mismo. Sin embargo, el cerebro también cree en lo que no ve. Y lo que ve es en gran parte una magnífica ilusión.

6.1.4 Oído

¿De qué sonido se trata? ¿Y de dónde viene? El origen evolutivo muy remoto de la audición radica en encontrar una respuesta, de la manera más inmediata, a estas dos preguntas. Dos cuestiones íntimamente ligadas a la supervivencia. ¿Existe algún peligro cerca? ¿Dónde exactamente?

El sentido del oído, que se originó en los primeros anfibios hace millones y millones de años, ha servido durante mucho tiempo tanto para interceptar alguna presa como para evitar la posibilidad de convertirse en una. Fundada en una arquitectura biológica grandiosa y miniaturizada al mismo tiempo (el oído moderno está formado por docenas de componentes, con miles de partes trabajando en sincronía), la capacidad de oír fue funcional para desarrollar esa propiedad refinada que llevó a la evolución del *Homo sapiens sapiens*: el lenguaje. Y, quizá incluso antes, para incubar la más misteriosa y única de sus habilidades cerebrales: la música y el placer de escucharla.

El sonido es una onda que se propaga por el aire. Si en una película de ciencia ficción ambientada en el vacío del espacio el director hace que se escuchen ruidos, debes saber que se está burlando de ti: si no hay aire, no hay sonido. La onda sonora que hace vibrar el éter se propaga a unos 1230 kilómetros por hora y hace vibrar las células ciliadas, las neuronas sensoriales del sistema auditivo. Se ubican dentro del órgano de Corti (por el anatomista italiano que lo descubrió en el siglo XIX), parte del oído interno, y descansan sobre la membrana basilar, de alguna manera capaz de resonar como las cuerdas de un instrumento. De hecho, todo el mecanismo parece un instrumento.

Al tocar la fatídica nota «la» a 440 hercios que utilizan las orquestas para afinar, un área precisa vibra 440 veces por segundo. Si tocamos esa nota «la» una octava más abajo, a 220 hercios, una zona más baja vibra más lentamente. Con esta información, la corteza auditiva del cerebro, ubicada en los dos lóbulos temporales, justo encima de las orejas, reconstruye la frecuencia, la velocidad, la intensidad e incluso la dirección de donde proviene el sonido. Es decir, todo, desde el rugido de un felino detrás de los arbustos hasta una canción de amor de Frank Sinatra.

Entre los muchos misterios de la neurociencia, también está la música. ¿Por qué una buena canción desencadena la liberación de dopamina, [▸33] lo que hace que los humanos disfruten escuchándola? ¿Por qué un cuarteto de cuerdas ayuda a reducir los niveles de cortisol, [▶33] la hormona del estrés, y a elevar los niveles de inmunoglobulina, un anticuerpo? Después de todo, no parece haber un vínculo evolutivo estrecho entre la música y la selección natural.

Se ha creído durante mucho tiempo que el placer cerebral de la música tenía su base en una multiplicidad de áreas neuronales asignadas a funciones completamente diferentes. En 2015, los investigadores del MIT identificaron un área de la corteza auditiva que responde específicamente a la música y no a otros ruidos. Sin embargo, otra investigación realizada en la Universidad de Jyväskylä, en Finlandia, encontró, nuevamente utilizando tecnologías de resonancia magnética funcional, que la música enciende el cerebro mucho más allá de los lóbulos temporales. El ritmo, uno de los tres componentes fundamentales de la música, afecta a las áreas motoras del cerebro, revelando la fuerte conexión entre la música y la danza. La melodía, la sucesión de frecuencias a distancias matemáticas, tonales y temporales precisas, involucra al sistema límbico y por lo tanto al centro de las emociones. La armonía (en realidad, la investigación finlandesa habla de «timbre») parece estar asociada con la *default mode network*, una serie de áreas cerebrales activas durante la aparente fase de reposo, de las cuales dependería la capacidad de vagar con la mente y, en general, la creatividad. [▶174]

La ciencia ha demostrado que la música es una neuroexperiencia universal en el sentido de que interesa indiscriminadamente a todas las culturas humanas. Pero también ha demostrado que es beneficioso tocarla. Los músicos parecen tener un cuerpo calloso más desarrollado que los no músicos, así como áreas dedicadas al control motor, la audición y la coordinación espacial. Se dice que la producción de música de manera colectiva, sincronizando el *tempo* con otros músicos y cantantes, induce la liberación de oxitocina, la llamada hormona del apego. Tal vez sea porque nuestros antepasados lejanos participaron en cánticos ceremoniales antes de una batalla o una salida de caza, y el sentido de grupo y unidad promovido por la oxitocina les dio una ventaja competitiva. Incluso hoy en día, quienes participan regularmente en un coro aseguran que cantar junto a otros produce un efecto saludable.

Hablando de ventajas competitivas, el oído humano y la corteza que lo decodifica han producido otra: la comprensión del lenguaje, probablemente la característica que más distingue a los *Homo sapiens* de otras especies animales. No sólo las áreas de Wernicke (especializada en la comprensión del lenguaje) y de Broca (producción del lenguaje), sino muchos otros núcleos y vías neuronales están involucrados en la conversión de las ondas sonoras en palabras llenas de significado, asociaciones y categorizaciones. Palabras que, puestas en secuencias particulares, son incluso capaces de hacer cosquillas o asaltar el sistema límbico con emociones.

No es necesario gastar demasiadas palabras en elogiar el impacto que la comunicación instantánea ha tenido en la evolución de la humanidad y su civilización. Si el oído no existiera, habría que inventarlo.

6.1.5 Tacto

Cuando se enumeran los cinco sentidos principales, siempre termina en último lugar. Lo llamamos tacto, pero, a decir verdad, el término es un poco estrecho. El sistema somatosensorial, un nombre más pomposo y más apropiado, transmite al cerebro una gran cantidad de información muy diferente que proviene de todos los rincones del cuerpo. Un cuerpo literalmente tachonado de sensores especializados en diferentes áreas. Están los receptores del tacto, pero también los de la presión, del dolor, de la temperatura, de la vibración y del equilibrio, que envían señales desde la piel, los músculos, los huesos, los órganos internos e incluso desde el sistema cardiovascular. Y ahora intenta adivinar: ¿cuál es la única parte del cuerpo que no tiene estas propiedades sensoriales? ¿Cuál es el único órgano que cuando se perfora con un alfiler, no envía ninguna señal de dolor al cerebro? Lo has adivinado: es el cerebro mismo, que ni siquiera tiene un nociceptor, el receptor del dolor.[2]

---

2. ¿Qué pasa con el dolor de cabeza, entonces? Hay otras estructuras en el cráneo que contienen receptores del dolor, como los nervios craneales o las meninges, las membranas que rodean el cerebro y contienen el líquido cefalorraquídeo. [▶46]

El mecanismo es maravilloso en su sofisticación. Es una parte integral del sistema nervioso periférico, donde trabaja la neurona sensorial o aferente, [▶24] que tiene el soma en la médula espinal y un axón que lo conecta a su receptor especializado (digamos en el dolor), y es capaz de transformar un pinchazo en la rodilla en una señal codificada en el lenguaje electroquímico de las neuronas. La señal, gracias a otras dos neuronas que la pasan como el testigo en la pista de atletismo, atraviesa la médula espinal a gran velocidad, llega al bulbo raquídeo, luego al centro de clasificación del tálamo [▶57] y finalmente llega a la corteza somatosensorial de los dos lóbulos parietales opuestos, para el procesamiento final mezclado con millones de otras señales.

La corteza somatosensorial primaria, dividida en cuatro segmentos asignados a diferentes operaciones, recibe información según un mapa preciso del cuerpo, como siempre al revés: los del pie derecho convergen en un punto preciso del lóbulo parietal izquierdo, o los de la mano izquierda en un punto exacto del lóbulo derecho. Dado que los receptores se concentran principalmente en las partes más sensibles del cuerpo, como las yemas de los dedos de la mano, los labios y la lengua, el espacio que ocupan en la corteza somatosensorial primaria es desproporcionado.

Este descubrimiento tiene casi un siglo. En los años veinte del siglo xx, el neurocirujano canadiense Wilder Penfield operó el cerebro a unos cientos de personas, abriéndoles el cráneo sólo con anestesia local. Dado que un alfiler no causa dolor en el cerebro, aprovechó la oportunidad con fines científicos. Y empezó a colocar electrodos en la materia gris de sus pacientes para ver el efecto que tenía. Así descubrió que la estimulación eléctrica de un lóbulo temporal produce una evocación de recuerdos pasados, pero también que el lóbulo parietal codifica este mapa detallado aunque desproporcionado del cuerpo.

Imagínate una figura humanoide con manos y pies gigantes, así como una lengua y labios protuberantes: ésta es la idea que tiene el cerebro de tu cuerpo. Se le ha denominado «homúnculo», y con una simple búsqueda en la web, incluso se puede ver cómo fue representado en dos dimensiones por un asistente de Penfield. También hay un modelo en tres dimensiones, en el que notarás que el espacio reservado para el órgano genital es bastante modesto a pesar de que en realidad es una zona bastante sensible. Penfield (que tuvo cuidado de no dibujar una «homúncula») debe de haber sido víctima de la mojigatería de aquella época.

6.1.6 Tiempo

A diferencia de todas las máquinas, incluido el microondas, el cerebro no tiene un reloj que marque el inexorable paso de los segundos. Pero eso no quiere decir que el tiempo, la cuarta dimensión, no importe dentro de la oscuridad del cráneo. Todo lo contrario.

El tiempo es un componente fundamental del sistema sensorial y perceptivo, porque sostiene ese continuo de experiencias que es la base de la autoconciencia: cada usuario siente claramente que es siempre la misma persona, hace una hora, ahora o dentro de una hora. Por eso, aunque el cerebro no dispone de un órgano dedicado a registrar los segundos que pasan, es legítimo incluirlo entre los sentidos principales: el tiempo da sentido a la vida humana.

Sin embargo, el cerebro tiene una serie de componentes para detectar el tiempo que, a diferencia del reloj de un ordenador, no es absoluto, sino relativo. En otras palabras, depende de la persona que lo experimente. Se cree que la percepción del tiempo está gobernada por un sistema distribuido que incluye la corteza, [▶65] el cerebelo [▶55] y el cuerpo estriado, [▶63] con la entrada de información que llega sin parar desde los cinco sentidos.

Aunque el debate sigue abierto, el hecho de que en la juventud los días, los meses y los años parecen pasar lentamente, para luego adquirir una velocidad cada vez más frenética en la edad adulta, se justifica comúnmente por la diferente cantidad de información que inunda el cerebro. Para el cerebro de un niño, las experiencias sensoriales continuas son siempre nuevas, creando así configuraciones neuroplásticas continuas. Para un cerebro adulto, sin embargo, son en su mayoría repetitivas y sinápticamente menos notables. El caso es que esta peculiar diferencia intergeneracional produce una valoración diferente del tiempo aún disponible, revelándose a menudo como una broma terrible: de joven, el tiempo pasa lentamente y parece prometerte una vida muy larga; de adulto, te das cuenta de que pasan los días y las semanas a una velocidad de vértigo.

Ésta es sólo una de las innumerables ilusiones que puede experimentar tu percepción del tiempo. Por experiencia personal, sabes muy bien que el tiempo parece volar cuando haces algo interesante o agradable. Por el contrario, cuando dominan el aburrimiento y el desinterés, los minutos se prolongan fatigosamente.

Un gran número de experimentos psicológicos han demostrado cierta regularidad en la inexactitud perceptiva del tiempo: las personas tienden a recordar eventos recientes como si estuvieran más lejos, pero también a evaluar eventos remotos como más cercanos de lo que realmente están. Y aparecen aún más efectos macroscópicos: en el momento de un accidente de tráfico, o cualquier situación peligrosa, el tiempo parece ralentizarse.

Fue la experiencia directa la que impulsó al neurocientífico David Eagleman (que se cayó de un tejado a los ocho años) a estudiar detenidamente el fenómeno, concluyendo que el efecto ralentizador del tiempo sería sólo una sensación relacionada con el recuerdo del accidente, porque en esas circunstancias los recuerdos están «empaquetados más densamente» y la acción se revive como en cámara lenta. En cualquier caso, el hecho de que el tiempo parezca dilatado en situaciones de peligro es una ilusión con obvias implicaciones evolutivas, ya que nuestros antepasados lejanos arriesgaban la vida con tanta frecuencia como nosotros nos cepillamos los dientes.

La percepción del tiempo depende de la edad del cerebro, las circunstancias ambientales, los neurotransmisores en acción y una buena variedad de factores psicológicos. Pero también de la luz solar. De hecho, el cerebro tiene una especie de reloj. No realiza un seguimiento de los minutos, ni siquiera de las horas, pero sabe registrar los días, en el fluir de los amaneceres y atardeceres. El reloj que mantiene el ritmo circadiano –término que significa «aproximadamente un día»– reside en un núcleo de neuronas en el hipotálamo [▸59] que regula un flujo constante de cambios en el cerebro durante el transcurso de veinticuatro horas. La luz es el interruptor principal de este sistema, capaz de encender y apagar los genes que dan ritmo a todo el organismo.

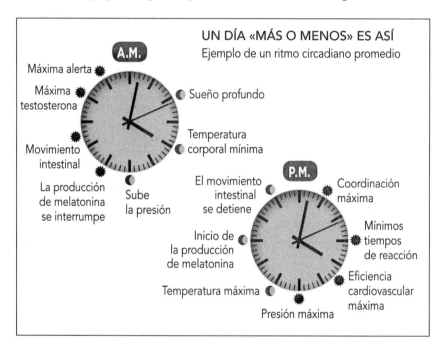

UN DÍA «MÁS O MENOS» ES ASÍ
Ejemplo de un ritmo circadiano promedio

A.M.

Máxima alerta
Máxima testosterona
Sueño profundo
Temperatura corporal mínima
Movimiento intestinal
La producción de melatonina se interrumpe
Sube la presión
El movimiento intestinal se detiene
Inicio de la producción de melatonina
Temperatura máxima
Presión máxima

P.M.

Coordinación máxima
Mínimos tiempos de reacción
Eficiencia cardiovascular máxima

Al regular el sueño y la producción de hormonas (así como la temperatura corporal), el ritmo circadiano juega un papel determinante en el correcto funcionamiento de la máquina cerebral. Un siglo y medio después de la invención de la bombilla eléctrica, que interfirió fatalmente con los mecanismos del sueño, [▸99] los humanos tienden a dormir significativamente menos de lo que sugiere la biología, a veces con efectos negativos en cascada. El mal funcionamiento del sistema circadiano está relacionado con diferentes tipos de depresión y otras patologías. Basta haber experimentado los efectos del *jet-lag* después de un vuelo intercontinental para tener una idea de lo que sucede al cambiar el huso horario sin que lo sepa el hipotálamo.

Una vez más, por supuesto, hay un arcoíris de diferencias individuales. Cada cerebro pertenece a un cronotipo específico, que es la inclinación a dormir en diferentes momentos. En los dos extremos, están los que se duermen al atardecer, cuando cae el sol, y los que lo hacen cerca del amanecer.

A través de una percepción propensa a las ilusiones e incluso sin aprovechar un órgano sensorial a él dedicado, el tiempo agrega una cuarta dimensión a la vida humana, compuesta por una amalgama entre el pasado para recordar, el presente para pasar y el futuro para planificar. Porque no es cierto que el tiempo sea dinero, como dicen algunos. El tiempo es la vida que nos queda por vivir. Y esto, el cerebro aunque no tenga reloj, en el fondo lo sabe.

6.2 SENTIMIENTOS, EMOCIONES

Abandono, aburrimiento, admiración, afecto, alegría, amistad, amor, angustia, arrepentimiento, asombro. Celos, compasión, confianza, culpa. Desconfianza, desesperación, devoción. Dignidad, disensión, dolor. Entusiasmo, envidia, estima, exasperación. Frustración. Gratificación, gratitud. Honor. Indiferencia, indignación, ira, irritación. Melancolía, miedo, misantropía, misoginia. Nostalgia. Odio, orgullo. Perdón, piedad. Remordimiento, resentimiento, revancha. Soledad, solidaridad, sufrimiento. Tristeza. Venganza, vergüenza.

Son cincuenta, pero hay muchas más. Si es difícil hacer una lista completa del arcoíris de sentimientos y emociones, es porque a menudo se superponen, incluso léxicamente. Y además porque las definiciones y sus matices cambian significativamente de una cultura a otra. En danés, *hygge* indica la agradable sensación de confort que uno siente al estar envuelto en el calor de la casa, frente a la chimenea, con los amigos. Sin mencionar el *schadenfreude* alemán, donde un tipo de placer completamente diferente es provocado por las desgracias de una persona odiada. Por otro lado, en México la *pena ajena* es la vergüenza que uno siente al presenciar la humillación de otros.

Son palabras que en el idioma italiano, como en muchos otros, simplemente no existen. Pero una cosa está clara: *hygge, schadenfreude* y *pena ajena*, al igual que el amor y el odio, sólo existen en el cerebro de quienes los experimentan. Con un detalle importante: muy a menudo, si no casi siempre, estas sensaciones son desencadenadas por eventos externos al cerebro e independientes de él.

Esta incapacidad parcial, pero sustancial, para controlar las emociones tiene una explicación en la forma en que la evolución ha organizado las conexiones cerebrales: hay muchas, muchas más vías neuronales desde el sistema límbico (emociones) hasta la corteza (racionalidad) que no en el sentido contrario.

Para tener una idea general de cómo funcionan, proponemos el análisis de sólo tres sentimientos, pero representativos tanto del funcionamiento como de la evolución del cerebro: el miedo (una emoción con orígenes muy remotos, estratégica para la supervivencia), el amor (que en los mamíferos es funcional para la reproducción y el cuidado de la descendencia) y la felicidad (que en los humanos hace girar el mundo).

6.2.1 Miedo

El miedo se inventó hace unos millones de años por una razón muy específica: para garantizar la supervivencia en caso de peligro. Es una parte integral del funcionamiento del cerebro y, para garantizar un servicio confiable, funciona automáticamente y a muy alta velocidad.

Pongamos un ejemplo. Caminas por un bosque y experimentas un placer consciente de la información que te llega de los sentidos: el susurro del viento y el canto de los pájaros, el color de las hojas iluminadas por el sol, el aroma del aire fresco y de la maleza. Luego, en tu retina queda impresa una forma siniestra y alargada, que descansa en el suelo. La información llega a los tálamos, que inmediatamente la envían a las amígdalas, los centros de control del miedo. Aunque los datos recibidos todavía son algo aproximados, las amígdalas ordenan al tronco cerebral que bloquee instantáneamente todos los movimientos corporales (para no acercarse al peligro), ordenan a los músculos faciales que abran la boca y ensanchen los ojos (para advertir a otros del peligro) y el hipotálamo para ordenar la producción de adrenalina, que aumenta la frecuencia cardíaca, la presión y la respiración (la llamada «respuesta de lucha o huida»). Pero lo maravilloso del caso es que todo el proceso ha durado unos 400 milisegundos, menos de medio segundo: es decir, ha sucedido mucho antes de que tu cerebro se diera cuenta de la serpiente venenosa a dos metros de distancia.

Este mecanismo de cientos de millones de años se ha utilizado con éxito billones de veces. Según los psicólogos, el miedo es una de las pocas emociones innatas y se ha conservado a lo largo de la evolución debido a su evidente resultado práctico: la supervivencia del individuo y de la especie. Sin embargo, como puede verse, el miedo no es provocado por el peligro en sí, sino por la predicción del peligro. [▶73]

Volvamos a ese bosque por un momento. Mientras envían la información a las amígdalas a toda prisa, los tálamos también la envían a la corteza visual, que la procesa y la envía con más calma a las amígdalas. Era una falsa alarma: no era una víbora, sino una rama curva con apariencia de serpiente. El color y la forma habían bastado para dar la alarma. Aproximadamente un segundo después, las amígdalas señalan que el peligro ha cesado y todo, incluido el latido del corazón, vuelve en seguida a su estado anterior (si se hubiera confirmado la presencia de una serpiente, en cambio se habrían reforzado las señales químicas de «lucha o huida»).

Aun así, eso no es todo. Las amígdalas también informan al hipocampo [▶59] y a las cortezas prefrontales [▶65] del evento, que se ocupan de los procesos cognitivos y del aprendizaje, con el fin de formar una memoria que resultará útil en otras situaciones peligrosas, ya sea el miedo ancestral a una serpiente o más fácilmente a un automovilista que no respeta el paso de peatones.

Es la corteza la que elabora la distinción entre el miedo racional a una serpiente y el miedo irracional a una rama seca. El miedo irracional, si es crónico, tiene un nombre específico: fobia. En Internet se pueden encontrar listas interminables de todas las fobias del mundo, acuñadas etimológicamente en griego antiguo. La claustrofobia (miedo a los espacios cerrados), la glosofobia (a hablar en público) y la aracnofobia (a las arañas) son bien conocidas. Pero también está la ablutofobia (miedo a lavarse), la sanguivorifobia (a los vampiros), la nosocomofobia (a hospitales), xilofobia (al bosque, con o sin reptiles rastreros). Y muchas más.

El miedo es una incorporación al mecanismo de supervivencia que sin duda ha ayudado a mantener a muchos de los más de 7 000 millones de seres humanos que viven en este planeta hoy en día. Lo más probable es que el miedo también te haya salvado alguna vez, aunque sólo sea porque los recuerdos del miedo nos dicen que siempre tomemos precauciones, como cuando cruzamos la calle.

«Si las precauciones son constructivas, mantenerse en un estado de miedo es destructivo», escribe Gavin de Becker en el libro *The Gift of Fear*. Es destructivo porque «puede provocar pánico, que puede tener efectos más peligrosos que el riesgo temido. Como saben los nadadores de larga distancia, no es el agua lo que te mata: es el pánico». Si el miedo es la expectativa del peligro, el pánico es el miedo que gira sobre sí mismo, reforzando esa expectativa. Puede ser útil saberlo. Por ejemplo, al nadar, sin llegar al extremo de tener que cruzar el canal de la Mancha o el estrecho de Messina en un mar embravecido.

Pero un estado prolongado de miedo puede ser destructivo de otras maneras. El estrés (un concepto y una palabra nacida alrededor de 1930: de hecho, se le llama de la misma manera en casi todos los idiomas del mundo) está estrechamente relacionado con los mecanismos del miedo, pero con efectos más leves que el terror momentáneo ante la vista de una serpiente. Sin embargo, la estimulación prolongada del sistema de respuesta de «lucha o huida» induce una presencia excesiva de cortisol, [133] capaz de alterar la salud y el sistema inmunológico.

El miedo está incorporado de serie en todos los cerebros: lo demuestran aquellos raros individuos que tienen una amígdala dañada o atrofiada y son completamente incapaces de experimentar el arco de emociones que van desde el miedo al terror. Para algunos, el estado de miedo excesivo puede requerir la intervención de terapias farmacológicas y psicológicas. Para muchos, el miedo puede tener los efectos químicos deseados, como atestiguan los amantes de las películas de terror o de las montañas rusas. Para todos los cerebros, en cambio, es muy útil practicar el reconocimiento de la diferencia de lo que es realmente peligroso de lo que no lo es, porque demasiado miedo hace daño. [▶204]

Como dijo Franklin Delano Roosevelt en 1933 por otra razón, en medio de la Gran Depresión, «lo único que debemos temer es al miedo mismo».

6.2.2 Amor

«Cariño, te quiero desde el fondo de mi hipotálamo», dijo la bióloga. Pero él, que había estudiado derecho, se sintió ofendido y nunca volvió a verla.

Podría ser un microrrelato, y es perfecto para Twitter. Entre las líneas de esa tontería, sin embargo, se esconde una verdad indiscutible: aunque a veces pensemos en el corazón, no es ahí donde reside el amor.

El amor habita enteramente en el cerebro, con una particular predilección por el sistema límbico. Esto no significa que todos los refranes donde el corazón está en el centro deban corregirse, pero finalmente ha llegado el momento de que se acepte la cruda realidad: también el amor es una experiencia totalmente neuronal.

Hay quien mata por amor. Hay quienes literalmente mueren de amor. La experiencia del enamoramiento ejerce tensiones en el cerebro que, en intensidad, están al mismo nivel que el hambre y la sed. Todo gracias a un poderoso cóctel de sustancias químicas que suministran a las partes adecuadas del cerebro.

Inevitablemente, comienza con la atracción sexual. La testosterona y el estrógeno, las hormonas masculinas y femeninas, actúan para fomentar o desalentar las citas. Pero también hay toda una estructura en funcionamiento, la de los receptores de opiáceos, esa red de «cerraduras» distribuidas en numerosas zonas del cerebro que permiten que la morfina (y los opiáceos endógenos, autoproducidos por el cuerpo) se desbloqueen y por tanto funcionen. Así, en un grupo de cerebros masculinos a los que se les habían administrado sustancias que alteran los receptores de opiáceos, la visión de fotos de bellos rostros femeninos indujo una reacción neuronal mucho más tibia que en cerebros normales. En definitiva, para que haya acercamiento, el encuentro debe pasar la prueba de las hormonas y las endorfinas, así como la del olfato, sentido primordial fuertemente implicado en la sexualidad. [▶109] Según los datos recopilados por la científica de la Universidad de Rutgers, Helen Fisher, exconsultora del sitio de citas match.com, hasta un tercio de los encuentros cercanos del primer tipo se convierten en una historia de amor. Es decir, cuando se sube al segundo nivel.

Según el equipo liderado por Fisher, que ha *mirado* con tecnología fMRI dentro de una serie de cerebros enamorados, el área tegmental ventral [▶52] –la santabárbara de la dopamina– [▶33] está particularmente activa durante las fases de la pasión. La dopamina produce esa sensación de deseo y excitación, típica de la segunda fase. Pero también hay un efecto de «obsesión».

Los niveles de cortisol, la hormona del estrés, aumentan para hacer frente a la novedad de un amor naciente, induciendo ansiedad y una disminución de la disponibilidad de serotonina. La falta de serotonina también se asocia a enfermedades obsesivo-compulsivas, lo que explicaría por qué un cerebro enamorado no es capaz de pensar en nada más que en el cerebro amado hasta el punto de pasar por alto la aparición de los primeros defectillos. Por lo demás, hay poco que hacer: cuando los sistemas visuales de los dos cerebros convergen, es decir, cuando los dos amantes se miran a los ojos, la adrenalina y la noradrenalina están listas para acelerar los latidos del corazón y proporcionar esa embriaguez, no demasiado diferente a una esnifada de cocaína.

La tercera fase, la del amor que se prolonga en el tiempo, con duraciones notoriamente variables entre unos pocos años y toda la vida, está regulada en cambio por la vasopresina, que contribuye a la prolongación de los lazos, y por la oxitocina, una hormona y un neurotransmisor con un papel importante en la historia de la humanidad: es la molécula del apego. [▶33]

El llamado amor romántico, de hecho, es sólo una feliz desviación de la civilización *sapiens*. El objetivo es siempre el mismo: la reproducción de la especie.

Desde el punto de vista evolutivo, para el crecimiento saludable de un nuevo ser humano, la presencia estable de un padre y una madre es muy deseable, pero no es esencial. Lo contrario, la ausencia total de quien lo nutre, lo cuida y lo protege es notoriamente fatal, más aún en el *Homo sapiens* que –sólo para desarrollar un sofisticado centro de control como el suyo dentro del cráneo– necesita una larga infancia y una larga adolescencia. [▸91]

Por eso no es sólo el orgasmo lo que genera oxitocina. Las madres producen y dispensan oxitocina incluso durante la lactancia, fortaleciendo el vínculo mutuo con el recién llegado. Incluso los perros obtienen un subidón de oxitocina cuando miran a su dueño a los ojos. Es el extraordinario poder químico y psicológico de la molécula del afecto.

Llegados a este punto, sin embargo, está claro que el sentimiento más abrumador del mundo, respetado y celebrado por el arte y la literatura de todas las culturas humanas de la historia, es producido por una especie de red cerebral de amor, tan estratégica para los objetivos finales de la evolución natural, para poder apoderarse de todo el sistema nervioso central, incluida la corteza frontal, sede de la racionalidad. ¿Será una coincidencia que el proverbio «el amor es ciego» sea idéntico en al menos quince idiomas?

Gracias a su extraordinario armamento farmacológico, el amor tiene la potencia de fuego necesaria para perturbar el sistema de recompensas, hasta el punto de desatar algo que a veces puede asemejarse a una adicción a las drogas. La dosis de neurotransmisores provocada por la visión del ser querido puede convertirse en una necesidad ineludible y conducir a una verdadera crisis de abstinencia en caso de una ruptura traumática de la relación. Con el tiempo, generalmente en un par de años, el cortisol y la serotonina vuelven a niveles normales: se libera el estrés y los pensamientos «obsesivos» se vuelven inactivos. La dopamina, por otro lado, puede seguir distribuyendo su feliz recompensa neuronal. Y los niveles de oxitocina, como lo demuestran los análisis de resonancia magnética funcional de cerebros enamorados durante mucho tiempo, pueden permanecer elevados durante décadas, siempre que se recuerde cómo hacerlo. [▸33]

Dicho esto, una descripción tan corta y cruda del amor, en contraposición a milenios de canciones, poemas, elegías, pinturas, novelas y obras maestras del cine que alaban con devoción el sentimiento más hermoso y brillante que existe, puede haber inducido a tu cerebro a una sutil sensación de malestar.

Al aceptar nuestras disculpas, te rogamos que tengas en cuenta que esto ha sido indirectamente un experimento. Si el concepto de amor romántico es una construcción social que varía de una cultura a otra, y las emociones que despierta pueden variar de un cerebro a otro,[3] esa inmensa cantidad de producciones artísticas en su honor contribuyen a envolverlo con un aura de sacralidad. Por eso tu cerebro puede haber experimentado un conflicto sináptico entre GABA y glutamato, [▶33] que juntos, uno inhibidor y el otro excitador, inducen esa sensación de incomodidad.

Para explicarlo mejor, recordemos la respuesta del físico Richard Feynman, uno de los mejores cerebros del siglo XX, a un amigo que contrastó el lado artístico de la estética de una flor con la árida disección de los científicos. «Todas las respuestas del conocimiento científico añaden algo a la emoción, al misterio y a la maravilla de una flor. Es una adición. No es una resta».

El amor es una cosa maravillosamente neuronal.

6.2.3 Felicidad

Como bien sabes, el 8 de marzo es el Día Internacional de la Mujer. Sin embargo, entre la gran cantidad de fechas establecidas por las Naciones Unidas en memoria de los nobles objetivos por alcanzar –como el Día de la Democracia, de la Paz o del Desarme Nuclear–, probablemente pase desapercibida la del 20 de marzo. Lo que en el hemisferio norte es el último día del invierno está dedicado, «para reconocer

---

3. Las emociones inducidas por el amor, e incluso por el simple concepto de Amor, pueden ser significativamente diferentes, dependiendo del modelo cerebral utilizado. [▶185]

su importancia en la vida de las personas de todo el mundo», a la felicidad.

La búsqueda de la felicidad es el motor más grande del mundo, así como una medida de sus disparidades sociales, geográficas y geopolíticas. Claramente escrito en la Declaración de Independencia de Estados Unidos de 1776, ni siquiera se menciona en la Declaración de Derechos Humanos de 1948. Sin embargo, después de que el gobernante de Bután inició un programa de gobierno basado en la Felicidad nacional bruta en lugar de en el PIB, la idea de medir la tasa de felicidad promedio de una población ha llegado rápidamente a las orillas de la investigación científica, la política económica y el derecho internacional. En la resolución de la ONU que estableció el Día Internacional de la Felicidad en 2012, se define como un «objetivo humano fundamental».

La felicidad es el más codiciado de todos los estados mentales, aunque variable en los significados semánticos de alegría, diversión, satisfacción, gratificación, euforia, gozo, etc. Como cualquier estado mental, depende de una mezcla de factores químicos (neurotransmisores), eléctricos (ondas cerebrales y potenciales de acción) y arquitectónicos (las conexiones estructurales de cada cerebro individual).

En este último frente, se ha observado que la corteza prefrontal izquierda es particularmente activa en el caso de los sentimientos de felicidad y que, por el contrario, la derecha parece estar asociada a la tristeza. Además de la dopamina y de la oxitocina, que gestionan respectivamente todo el sistema de recompensa y el apego amoroso, una gran cantidad de moléculas participan en la modulación de la felicidad, desde el simple buen humor hasta el éxtasis. Existen endocannabinoides como la anandamida, moléculas similares al cannabis, pero producidas por el cuerpo humano, que afectan al placer y a la memoria, a la coordinación motora y a la percepción del tiempo. Hay endorfinas, que se asemejan a los opiáceos y también alivian el dolor físico. Existe el GABA que, especializado en estimular a las neuronas a no dispararse, contribuye a la tranquilidad y contrarresta la ansiedad. Si sumamos la adrenalina, que da el *sprint*, y la serotonina, que (entre mil cosas más) aporta autoestima, es fácil entender que se trata de un verdadero arsenal químico de satisfacción masiva. [▸33]

La felicidad, como está inevitablemente ligada a la riqueza, es estadísticamente inflexible al separar a los países ricos de los pobres. No sólo eso: los países se vuelven más felices en promedio cuando se enriquecen y más infelices cuando la economía va en la dirección opuesta. Como recuerdan los chismes y las noticias mundanas, el dinero y la felicidad no siempre están correlacionados positivamente. Sin embargo, como dice el cliché, una buena cuenta bancaria ayuda bastante.

Sin embargo, también sabemos que la felicidad es relativa, particularmente desde que el sociólogo holandés Ruut Veenhoven inauguró la World Database of Happiness, una colección de decenas de miles de estudios científicos sobre el tema. Los que ya son lo suficientemente ricos no se vuelven más felices al aumentar la riqueza disponible. Un isleño del Caribe, gracias a su choza y los dos cerdos que tiene, puede ser más feliz que un europeo de clase media que quiere una casa, un coche y un césped como el de su vecino. Los psicólogos hablan de una rueda hedonista, donde, por así decirlo, la rueda es la de la jaula del hámster y el hedonismo es la filosofía que identifica el placer como el objetivo de toda acción humana. Es el proceso mediante el cual, una vez que se agota la emoción de una novedad, se desea otra. Como habrás comprendido, estar satisfecho, o más bien, apreciar lo que uno es y lo que tiene, ya es un truco bastante eficaz para engañar a un cerebro insatisfecho. [▸233] Pero aún se puede hacer más.

Se dice que la felicidad ciertamente está relacionada con el placer, pero también con la participación (la pasión por lo que uno hace), con las relaciones sociales (de la familia a los compañeros), con el sentido de pertenencia (a un país, a una organización voluntaria, a una religión) y a los propios logros (los éxitos obtenidos).

La felicidad depende, como siempre, de la naturaleza (la infelicidad crónica a menudo tiene una impronta genética), de la cultura, pero también de los acontecimientos de la vida en su ciclo continuo de causas y efectos. El sentido común habla con mucha claridad: «Si logras tus metas, serás feliz». Pero numerosos estudios muestran que si estás feliz lograrás esos objetivos.

No es sorprendente que la evolución haya agregado mecanismos semiautomáticos a su sistema operativo para promover la felicidad. El ejemplo proviene de un divertido estudio de 1988, en el que se pidió a los sujetos del experimento que calificaran el grado de humor de algunos dibujos animados mientras sostenían un lápiz en la boca. Los del primer grupo tenían que sostenerlo recto entre sus labios (forzándolos a fruncir el ceño), mientras que los del segundo grupo tenían que apretarlo horizontalmente entre sus dientes (forzándolos a sonreír). ¿El resultado? Sí, lo has adivinado. Simplemente tensar los músculos de la sonrisa resultó ser suficiente para hacer más divertidas las mismas historias animadas e idénticas.

Si sólo usar los músculos de la cara puede mejorar el estado de ánimo, ¿cuán poderoso puede ser el *truco* del pensamiento positivo? Una de las principales características del control cognitivo, la capacidad del cerebro para adaptar la conducta a las circunstancias en tiempo real, radica precisamente en la capacidad de alejar los pensamientos negativos en favor de los positivos. Una habilidad que, si está ausente, siempre se puede aprender y, por lo tanto, agregar al sistema de defensa de uno contra la infelicidad. Entonces, dado que cada cerebro tiene incorporado un mecanismo que hace girar la rueda hedonista, ¿por qué no hacerla girar en la dirección opuesta para sentir agradecimiento de lo que se tiene? Por increíble que parezca, siempre hay alguien que está mucho peor que nosotros y la comparación, por poco generosa que sea, puede activar resultados dopaminérgicos. Curiosamente, la generosidad en sí misma estimula una recompensa cerebral. Según algunos estudios, la meditación tiene la capacidad de activar (y, por lo tanto, fortalecer a largo plazo) la corteza prefrontal izquierda, mientras que se sabe que el ejercicio aumenta la disponibilidad de endocannabinoides y que el ejercicio sexual, que no es esencial para la felicidad pero es utilísimo, proporciona dopamina, oxitocina y endorfinas varias. [▸33]

Por último, para decirlo todo, también hay que tener en cuenta la temperatura, porque está comprobado que donde hace frío todo el mundo es más feliz que donde hace mucho calor… No, es sólo una broma de mal gusto. Sin embargo, esto es exactamente lo que se podría inferir de la clasificación del 2017 del World Happiness Report de las Naciones Unidas. De los 155 países examinados (faltan cuarenta), los tres más felices del mundo son Noruega, Dinamarca e Islandia. Los tres más infelices son Tanzania, Burundi y la República Centroafricana. Obviamente, esta estadística no calcula la temperatura, sino el PIB per cápita, la asistencia social, la esperanza de vida, la generosidad colectiva, la percepción de corrupción y la libertad de elegir una vida. El valor global de todos estos indicadores ha crecido durante el último siglo. Aunque a través de altibajos, la felicidad mundial promedio ha aumentado.

Dados los efectos positivos en el sistema cardiovascular, en las relaciones familiares, en el trabajo y en general en tu existencia, te sugerimos que nunca descuides tu búsqueda consciente de la felicidad.

6.3 CONCIENCIA

La conciencia es lo más fácil del mundo. La hemos heredado sin esfuerzo, nos acompaña en cada momento de vigilia y nos parece bastante natural que entre en *stand-by* durante el sueño y se vuelva a conectar instantáneamente cuando sea necesario.

La conciencia es lo más difícil del mundo porque no sabemos qué es. Y lo que es peor, ni siquiera sabemos cómo definirla. Es la capacidad de percibir, de experimentar. Es subjetividad. Es la conciencia de uno mismo y del medio ambiente. Es el pensamiento. Es el libre albedrío. Es el centro de mando de la mente. Son todas estas y otras cosas juntas.

La conciencia es la característica más misteriosa del cerebro. Tan misteriosa que atrajo la atención de los teólogos y los filósofos mucho antes que la de los científicos. Durante siglos se ha librado un intenso debate sobre la verdadera naturaleza de la conciencia, especialmente desde el siglo XVII, cuando René Descartes identifica su famoso dualismo. Por un lado, *pienso, luego existo*: la conciencia, sin lugar a dudas, existe. Por otro lado, sin embargo, no parece existir físicamente, no puede ser descrita u observada, si no por el cerebro que la experimenta. Entonces, como suele suceder con las cosas que son difíciles de explicar, sólo puede ser un don sobrenatural.

La conciencia, que no tiene masa ni velocidad, no se puede medir. Pero su proximidad al concepto de alma terminó por encubrirlo bajo un tabú. Los científicos se han abstenido durante mucho tiempo de examinar el tema en profundidad, también porque es imposible estudiarlo en el laboratorio.

Quien no se ha echado atrás ha sido Francis Crick, el codescubridor de la doble hélice del ADN, que en los últimos años de su vida ha investigado, científicamente, el misterio de la conciencia. En el libro *The Astonishing Hypothesis*, escrito a sus 78 años de edad, él mismo utiliza toda la prudencia que necesita el caso, planteando la «hipótesis sorprendente» de que «las actividades mentales de un individuo son enteramente el resultado de la acción de las neuronas, de las células gliales, así como de los átomos, los iones y las moléculas que las componen e influyen». Hoy ya no sorprende y, si lo piensas, ni siquiera es una hipótesis para la neurociencia moderna. El cuerpo y la mente parecen ser dos entidades separadas, aunque en realidad son una.

Pero el misterio sigue siendo denso. Según el filósofo australiano David Chalmers, el dilema de la conciencia debería dividirse en un «problema fácil» (cómo el cerebro logra producir memoria, atención o reflexión) y un «problema difícil» (cómo es posible que un kilo y medio de gelatina orgánica transforme la información electroquímica en cualidades como lo «amarillento» del amarillo o la acidez del limón).

Pero ¿estamos seguros de que realmente se necesita un cerebro complejo como el humano para generar algún nivel de conciencia? Que los primates evolutivamente más cercanos al *Homo sapiens* (chimpancés, bonobos, gorilas y orangutanes) demuestren un cierto grado de autoconciencia es ahora ampliamente aceptado, y lo mismo ocurre con mamíferos como delfines y elefantes. Pero hay más. En 2012, un destacado grupo de neurocientíficos firmó la Declaración de Cambridge, que concluye: «La ausencia de una corteza no parece impedir que un organismo tenga experiencias afectivas. Numerosos estudios muestran que los animales no humanos tienen sustratos neuroanatómicos del nivel de conciencia, neuroquímicos y neurofisiológicos, y la capacidad de exhibir comportamientos intencionales. Esta evidencia indica que los humanos no tenemos la propiedad exclusiva de los sustratos neurológicos que generan la conciencia». El término «sustrato neuronal» se refiere a las partes del sistema nervioso central que participan en una acción o emoción. Por tanto, todos los mamíferos e incluso las aves tienen conciencia, aunque en diferentes grados.

De las innumerables teorías en circulación, entre la ciencia y la filosofía, cabe destacar la teoría de la información integrada, propuesta en 2004 por el neurocientífico italiano Giulio Tononi y por el Premio Nobel de Medicina Gerald Edelman. La teoría es compleja y sólidamente matemática, pero, en pocas palabras, dice que «un sistema físico es consciente en la medida en que es capaz de integrar información». Piénsalo: toda tu experiencia cerebral es un mosaico de información que proviene del exterior (visual, sonoro, táctil) y del interior (pensamiento, sensaciones), y, sin embargo, completamente inseparable. Así, el sustrato de la conciencia podría ser un sistema compuesto por diferentes elementos de información: cuanto más logra integrarlos una especie viva, mayor es el nivel de conciencia. Confirmamos que el sistema operativo instalado en tu cerebro te ofrece potencialmente el modelo de conciencia más integrado disponible en la actualidad, y totalmente capaz de ofrecerte un Yo.

6.3.1 Autopercepción

Tu cerebro sabe que existe. Sabe que está separado de los demás en las cuatro dimensiones del espacio-tiempo. Y tiene una maldita necesidad de sentirse importante, incluso a costa de hacer un poco de trampa.

Aquí se resumen con extrema síntesis la conciencia, la autopercepción y la autoestima, tres conceptos que se comprenden recíprocamente, en cascada.

Seguro que ya conoces la autoestima. Se trata de ese programa semiautomático que inserta en tus pensamientos frases como: «soy listo», «nadie me gana en esto», «al menos soy bueno en eso». Se introdujo en el sistema operativo para responder a lo inesperado (que en el caso de nuestros ancestros remotos era algo frecuente) y para apoyar al aparato de motivación. [▸162]

La psicología requiere que tu cerebro tenga una buena reputación. Puede parecer curioso que luego el cerebro se crea las cosas que se autoexplica,[4] pero eso es lo que pasa, incluso de forma subliminal. Probablemente sea un efecto de la obsesiva necesidad del sistema nervioso central de predecir el futuro y proporcionar una proyección tranquilizadora de las propias habilidades al acto de enfrentarse a pequeños y grandes desafíos diarios en alguna jungla metropolitana del planeta. Un estudio ha demostrado que la autoestima activa el cerebro de los primates, donde la corteza prefrontal medial (que se ocupa de la autopercepción) se conecta con el cuerpo estriado ventral (que gestiona la motivación y la recompensa). Según otro estudio, hay una parte de la corteza frontal que cuanto menos se activa, más propenso es el cerebro a ponerse gafas rosas, como si el mando de la racionalidad girara en sentido antihorario. «Estoy muy bien, estoy por encima del promedio», y la serotonina sube.

El «pensamiento positivo», a veces publicitado por canciones y filosofías triviales, realmente tiene un impacto positivo en el cerebro porque, al proyectar un ideal de uno mismo en el escenario imaginario de eventos futuros, fortalece la conciencia de poder enfrentarse a ellos. Un cerebro «positivo» prevé por sí mismo felicidad, salud y éxito, advierte de que tiene la fuerza para superar las dificultades. Por el contrario, un sistema nervioso central sintonizado negativamente predice su propia insuficiencia, está preocupado y estresado. No es de extrañar que algunas de estas «predicciones» se hagan realidad, por ejemplo, en las entrevistas de trabajo.

---

4. El fenómeno es aún más curioso si piensas que, por el contrario, el autocosquilleo no funciona.

Evidentemente no estamos hablando de blanco y negro, sino de toda la paleta de colores. Cada cerebro es único y lo mismo puede decirse de sus inclinaciones, más o menos positivas, más o menos negativas, a la hora de afrontar los diferentes campos de la actividad humana. El rango va desde una autoestima exagerada (que más o menos coincide con el narcisismo, un error de cálculo común) [▸195] hasta una dosis tan mínima de autoconfianza que convierte la vida cotidiana en un infierno.

Numerosos estudios psicológicos han demostrado que el cerebro humano tiende a ver las cosas más «de color rosa» de lo que son: ésta es una peculiaridad del programa de autoestima, instalado evolutivamente para promover la felicidad. [▸132] De hecho, en la gradación psicológica que va del narcisismo al nihilismo, los cerebros que están en el medio, capaces de una especie de equilibrio entre la fuerza interna y las dificultades del mundo, son los que mejor se comportan.

La autoestima es un programa semiautomático, en el sentido de que se puede ajustar. Todos los cerebros pueden estar deprimidos en algún momento de su vida. Pero, aparte de los casos crónicos que se extienden a los confines de la patología, [▸210] la fuerza interior combinada con la sociabilidad [▸141] da excelentes resultados. Siempre hay algo positivo en lo que pensar. El pensamiento «Me han despedido del trabajo, pero tengo dos hijos que están bien y una casa propia» puede ser sólo un ejemplo trivial de cómo engañar al cerebro. Pero funciona. Si es necesario, encuentra la fórmula que más te convenga y trata de responder con prontitud a los pensamientos negativos siempre que pasen.

Dicho esto, conviene recordar que los niveles equilibrados de autoestima dependen mucho de la fase de instalación del programa, [▸91] digamos durante todo el período de la niñez. No se trata de repetirle al cerebro joven lo bueno, especial e inteligente que es. La autoestima se construye sintiéndose aceptado, capaz, pero también funcionando frente a los desafíos escolares, deportivos o sociales diarios. Si ya has mezclado tu estructura genética con otra persona, o si estás a punto de hacerlo, debes saber que una correcta instalación del programa de autoestima en el nuevo ser humano también depende de ti.

Ahora bien, la autoestima es una parte relevante de la autopercepción, pero también hay más. Existe la sensación física de tener un cuerpo distinto de los demás, pero sobre todo la conciencia subyacente de la propia individualidad, o la conciencia de uno mismo, lo cual, tras siglos de debates filosóficos, está hoy en el centro de la más actual de las preguntas: ¿evolucionará la inteligencia artificial de un ordenador y sus algoritmos hasta alcanzar la autoconciencia? La pregunta permanece abierta por ahora. Pero la pregunta es espinosa porque aquí se encuentra la cúspide de la experiencia humana. [▶249]

Tu cerebro *sapiens* comparte la capacidad de reconocerse en el espejo sólo con los cerebros de chimpancés, gorilas, elefantes y delfines. Pero con ningún otro animal comparte la capacidad de proyectarse con la mente en un lugar y tiempo futuros, planificar palabras y acciones y responsabilizarse de ellas.

El Ser es una construcción cerebral que sostiene los hilos de una avalancha de información en tiempo real, lo que da esa sensación de singularidad que ayuda a mantener el equilibrio y la personalidad. Cuando esta singularidad se interrumpe o funciona mal, ocurren casos patológicos de dramática despersonalización.

«El sabio», leemos en un pasaje de la literatura budista, «no se deja llevar por los ocho vientos: prosperidad y decadencia, honor y deshonra, alabanza y reproche, sufrimiento y placer». Una percepción firme de uno mismo es ya una hermosa armadura para afrontar los «bajones», pero también los «subidones» de la vida. Es el pasaporte de la propia identidad social, que se exhibe en las fronteras de la empatía.

6.3.2 Empatía

La empatía se abrió camino en el mundo hace 65 millones de años, cuando un evento planetario, la colisión de un enorme asteroide en lo que ahora es la península de Yucatán en México, acabó con el dominio reptil en la tierra. Se estima que tres cuartas partes de las especies animales fueron borradas por ese trascendental evento, que declaró el fin del período Cretácico y el reinado de las especies dominantes, los dinosaurios.

Así es como los mamíferos se salieron con la suya. Durante los siguientes 43 millones de años (el período llamado Paleógeno), comenzando con algo vagamente similar a un ratón, se diversificaron hasta el punto de dividir el linaje en diferentes órdenes como quirópteros (murciélagos), cetáceos (ballenas), perisodáctilos (caballos) u homínidos (todos extintos excepto el *Homo sapiens*). Como resultado, la dominación de los huevos fue reemplazada por la de las placentas.

Es una forma completamente diferente de criar a los hijos.

El huevo puede cuidar de sí mismo y, tan pronto como se abre, el bebé reptil está listo para moverse por el mundo. Por otro lado, en la placenta o el marsupio, la cría necesita atención, protección, calor y comida. Y también es necesario que se le enseñen algunas cosas, en cantidades variables según la especie: ninguna especie va a la escuela como el *Homo sapiens*. Así es como ha evolucionado el sistema límbico: gestiona las señales emocionales necesarias para la nueva sociabilidad emergente. Y la sociabilidad requiere saber comprender, en la medida de lo posible, las necesidades de los demás.

Eso es exactamente lo que se llama «teoría de la mente». Significa ser consciente de que los estados mentales de los demás, como los deseos o las intenciones, existen y están separados de los tuyos. Esto no es poco, porque no tienes acceso a otro cerebro, pero asumes que está poblado de pensamientos como los tuyos. Bueno, un paso más allá es la empatía. Es la capacidad totalmente humana de ponerse en la piel de otro cerebro. O de múltiples cerebros al mismo tiempo. Si los chimpancés tienen una teoría de la mente rudimentaria y cierto grado de capacidad empática, ciertamente no pueden concebir cosas como: «Supongo que María sabe que me gustaría que hiciera las paces con Alberto, pero no quisiera que se lo contara todo a Sara». Son cosas de humanos.

Nuevamente, la empatía no está estrechamente asociada a un área del cerebro, no hay acuerdo sobre su definición y se han propuesto más formas de catalogarla. Ciertamente, abarca una amplia gama de emociones, que van desde sentir los pensamientos y sentimientos de otro cerebro hasta el deseo de ayudarlo y apoyarlo si lo necesita. En algunos casos, uno puede experimentar las mismas emociones que el otro, como si hubiera un enlace inalámbrico entre los respectivos sistemas límbicos. En muchos casos, se puede sentir el dolor de una persona conocida sólo por las noticias de la televisión y a la que nunca se conoció realmente. Y tu cerebro puede incluso, en la oscuridad de un cine, preocuparse por el destino de un personaje que ni siquiera existe.

La empatía, una necesidad del cerebro de los mamíferos y una obra maestra del cerebro de los primates, [▸64] está tanto en la base de la continuación de la especie como en la aparición de la civilización. La capacidad de transmitir y recibir mensajes emocionales sofisticados, la habilidad de proyectarse en la condición mental, o incluso física, de otro organismo vivo son funciones semiautomáticas de todo cerebro humano. Por supuesto, con las diferencias habituales.

Todos poseen la capacidad neuronal para representar un modelo interno de realidad externa. Ocurre en el seguimiento del evento deportivo favorito en televisión, donde el modelo interior de un gesto atlético espectacular genera placer (también con la contribución de las neuronas espejo, responsables de los procesos emulativos). Ocurre cuando ves una película (Indiana Jones en esa habitación llena de serpientes te hace temblar) y sucede con amigos en el bar (cualquier historia desencadena una construcción neuronal de escenas, hechos, situaciones). En concreto, es en la parte frontal de los lóbulos temporales donde tu cerebro reconstruye internamente la realidad: para comprender a alguien, te utilizas a ti mismo como modelo. Eso ya es un gran paso hacia la empatía.

Además, tu cerebro es capaz de proyectar la imaginación no sólo a otro lugar, sino a otro momento o bajo otra identidad. Lo cual es funcional para saber ponerse «en el lugar de otra persona». Numerosos estudios confirman que la empatía está más marcada en los cerebros de modelo femenino, junto con una cierta inclinación por el lenguaje, la comunicación y las relaciones humanas. Por el contrario, el modelo masculino se muestra más atraído por sistemas, máquinas, categorizaciones. Lo que llevó a una teoría curiosa: que el autismo es una forma extrema del cerebro masculino.

Aquellos que caen dentro del espectro del autismo, llamado así porque es un mal funcionamiento muy variable en términos de fenómenos e intensidad, tienen pequeñas o grandes dificultades para comprender el contenido emocional de una expresión facial o las alusiones de una frase, hasta el punto de que el módulo de la empatía puede ser completamente no funcional. La idea del psicopatólogo Simon Baron-Cohen (profesor de Cambridge) es que una especie de hipermasculinización está tan en la base de esta patología que afecta a los cerebros del modelo femenino sólo en el 20 % de los casos. Desafortunadamente, la empatía no es un mero accesorio para un miembro de la sociedad humana.

No lo es ni siquiera para los médicos y enfermeras que, sin embargo, por razones puramente profesionales, deben haber encontrado la forma de regular el «volumen» de la empatía. Las resonancias magnéticas funcionales muestran que el cerebro de un cirujano es sinápticamente mucho menos activo que el promedio cuando se enfrenta a la visión de una aguja clavándose en la carne. Este fenómeno, sacrosanto entre los profesionales de la salud, tiene su lado negativo, por ejemplo, en un joven soldado que no soportaba la idea de matar, pero que después de tres meses de guerra ya no le importa.

La aventura de la humanidad no sólo está marcada por la empatía y la colaboración, ni mucho menos. En los libros de historia parece haber una ausencia de empatía, una competencia por los recursos que conduce a un conflicto tras otro. Pero la realidad es un poco diferente. Según la teoría de los juegos –el modelo matemático de conflictos y cooperación entre «jugadores» inteligentes y racionales, propuesto por el matemático John von Neumann en 1944–, hay juegos de suma cero, donde uno gana y el otro pierde como el tenis o el boxeo, pero también juegos de suma no-cero, donde todas las partes ganan algo.

El progreso social, científico, médico, artístico, tecnológico, económico e incluso político de los últimos cinco, diez o veinte siglos se basó en una multitud de pequeños y grandes juegos de suma no-cero entre cerebros empáticos. La constante, y creciente, difusión de ideas, descubrimientos, técnicas y soluciones ha contribuido a una evolución cultural que es como una prótesis, una extensión de la evolución biológica. Nunca habría sucedido si la conciencia no hubiera aparecido en el cerebro de la última especie de homínidos que queda en el planeta Tierra.

Mirar la historia desde arriba puede cambiar tu visión del mundo.

6.3.3 *Weltanschauung*

Al final, está la percepción general del todo. Todo junto: yo, los demás, el universo, la cultura acumulada, las creencias, las convicciones, las ideas, las inclinaciones, los valores, la ética y todo lo que se lleva dentro. Es la visión del mundo o, como lo definió por primera vez Immanuel Kant, la *Weltanschauung*; denominación de un componente de la conciencia que, no sólo por su íntima proximidad a la filosofía, preferimos dejar en alemán.

La *Weltanschauung*, mosaico de una miríada de ideas recompuestas por el cerebro, contiene todos sus puntos de vista, su filosofía de vida. Dentro está la epistemología, su interpretación de la naturaleza del conocimiento; la metafísica, sus consideraciones sobre la naturaleza fundamental de la realidad; la teleología, o si hay o no una existencia objetiva del universo. Y luego la cosmología y la antropología, sin mencionar la axiología: ¿qué está bien y qué está mal?

La visión del mundo es muy borrosa en la infancia. En la adolescencia puede ser objeto de una gran confusión. Después, lentamente, se vuelve más clara y definida. A medida que avanza la edad adulta, cómplice de los mecanismos cognitivos de mejora a largo plazo, puede incluso radicalizarse, en el sentido de que se vuelve más difícil cambiar de opinión o perspectiva. Sin embargo, parece seguir siendo decididamente más flexible en los cerebros que han estado procesando y almacenando información a lo largo de sus vidas: por eso también se recomienda el aprendizaje continuo para todos los cerebros. [▶224]

La *Weltanschauung* también está en constante movimiento. Debido a la naturaleza plástica del cerebro, está influenciada por el entorno desde los primeros días de vida y en teoría nunca se detiene, porque nueva información, nuevos eventos suman y cambian ideas, incluso bajo la influencia, más o menos consciente, de los sesgos cognitivos de los que todos los cerebros pueden ser víctimas, incluido el tuyo. Pero dado que el cerebro también está equipado con la función semiautomática de la empatía, te resultará fácil comprender que las cosmovisiones de una mujer que ha nacido y vive en un archipiélago del Pacífico, de un agricultor paquistaní en la frontera *caliente* con India y de un abogado de Goldman Sachs en Nueva York son bastante diferentes entre sí.

¿Pero sólo está la cultura? ¿O también pesa mucho la naturaleza, la genética? Tomemos la predisposición a la novedad, que es considerada por los psicólogos como uno de los rasgos fundamentales de la personalidad de un cerebro y que tiene mucho que ver con la visión global del mundo. De hecho, se asocia comúnmente con el lado izquierdo del espectro político, al igual que su opuesto está asociado al pensamiento más tradicionalista de los conservadores. Evidentemente, no faltan estudios sobre el cerebro y su inclinación política. En general, los liberales parecen tener circunvoluciones del cíngulo anterior [▶63] ligeramente más grandes (las partes de la corteza frontal por encima del cuerpo calloso), mientras que los conservadores registran hipertrofia de la amígdala derecha.

Si bien a veces puede haber un componente genético, una cosa es cierta: la *Weltanschauung* se transmite primero por la familia, luego por los amigos y la escuela. Más tarde, las interacciones sociales, los estudios, el trabajo, la televisión o el pozo de información de Internet se suman plásticamente. Reforzada por el llamado «sesgo de confirmación» (la tendencia psicológica a buscar información o amistades que confirmen creencias existentes), se arraiga firmemente en el cerebro. Porque, ya sabes, el cerebro tiene la fijación de predecir el futuro, de identificar modelos reconocibles, pero también de catalogar, es decir, de poner todo en una caja específica. Las palabras bruscas, como «ilegal», «negro» o «maricón», reclaman fácilmente en cada cerebro una categoría asociada. En nuestro ejemplo, las categorías elegidas por un cerebro de extrema derecha y un cerebro de extrema izquierda (así

146

como por uno que pertenece a las infinitas gradaciones intermedias) serán significativamente diferentes.

La cosmovisión incluye la moralidad. Incluso aunque tu cerebro no tenga un «centro moral», el lado inhibitorio de la moralidad parece estar conectado con la corteza prefrontal y con las amígdalas, los asientos de la racionalidad y la impulsividad. Como evidencia de esto, las imágenes por resonancia magnética funcional de cerebros categorizados como «antisociales, violentos y psicópatas» muestran que sus mecanismos inhibidores no funcionan bien en absoluto.

Y aquí las cosas, moralmente hablando, se enredan. Si los comportamientos antisociales son causados por una malformación cerebral en particular, ¿son las personas realmente las culpables? Si un acto de gran gravedad está relacionado con la genética y/o con una infancia terrible, ¿el cerebro que lo concibió está encerrado tras las rejas? Si los niveles de testosterona del acusado eran lo suficientemente altos como para aumentar la violencia, ¿resolvemos el problema con una sentencia de muerte?

Por ejemplo, la reacción sináptica que has sentido en este momento, al leer el párrafo anterior, puede proporcionarte una muestra de tu *Weltanschauung*. Cualquiera que sea el juicio moral que tu cerebro haya expresado fácilmente sobre un tema tan espinoso –los confines biológicos de la culpa–, debemos enfatizar que la neurociencia continúa encontrando buenas razones para revisar, de alguna manera, todo el sistema judicial internacional, comenzando por los de aquellos países que todavía tienen la mala costumbre de aplicar la pena de muerte.

Así como existe una visión del mundo compartida y reconocible a través de diferentes culturas humanas hasta el punto de ser objeto de chistes («Un italiano, un francés y un inglés entran en un bar...»), podríamos arriesgar la idea de que también hay una *Weltanschauung* universal, compartida de alguna manera por la raza humana. Los humanos que poblaron el mundo antes de que supiéramos que la Tierra es redonda, o que toda la vida se reproduce usando exactamente el mismo código secreto, ciertamente tenían una visión colectiva muy diferente del mundo.

Quién sabe, en este siglo globalizado e interconectado, si no surgirá una *Weltanschauung* universal dentro de una generación o dos que sea verdaderamente universal.[5]

6.4 MÁS ALLÁ DE LA CONCIENCIA

Más allá de la conciencia, se encuentra la gran mayoría de las actividades cerebrales. Lo que logras percibir, incluso al centrar tu atención en todo el entorno que te rodea, es sólo una pequeña parte del trabajo neuronal subyacente. Y esto, dada la complejidad estructural del sistema nervioso central, también puede ser fácil de aceptar. Pero lo que tal vez para tu cerebro seguirá siendo indigerible es que el comportamiento, lo más consciente que existe, porque las acciones y las palabras de uno siempre están en primer plano, opera en gran medida por debajo del umbral de la conciencia.

Los conceptos de inconsciente y subconsciente se hicieron populares con el trabajo de Sigmund Freud, quien inicialmente usó ambos, sólo para enfocarse en el primero. El segundo se utiliza a veces en contextos que no son estrictamente científicos. Para evitar confusiones, este manual prefiere referirse a las actividades subliminales (del latín «bajo el umbral») de la conciencia.

El propio Freud llegó a la conclusión de que las actividades subliminales del cerebro influyen en el comportamiento. Pero la solución terapéutica que propuso y practicó –ahondar en un pasado inconsciente poblado de extraños sentimientos hacia los padres– es un poco cuestionable. En parte porque el psicoanálisis no es una ciencia exacta (su éxito depende del paciente individual y del terapeuta individual), pero sobre todo porque el cerebro consciente no tiene acceso al cere-

---

5. Sería realmente útil resolver esos dos o tres problemas a escala planetaria, comenzando por el calentamiento global que amenaza con subvertir el equilibrio térmico de la Tierra. Según la experiencia acumulada hasta el momento, las *Weltanschauung* «locales» no parecen tener los efectos políticos y económicos deseados.

bro subliminal de todos modos. Al contrario de lo que comúnmente se cree, no parece haber un área cerebral especializada dedicada a la gestión de actividades por debajo del umbral de la conciencia: Freud, que murió en 1939, medio siglo antes de la invención de la resonancia magnética funcional, no podía saberlo.

Hoy en día, el concepto clásico de conciencia, la idea de que todos los procesos mentales son conscientemente accesibles al usuario de un cerebro, está muerto y desaparecido. Y no hay necesidad de ir demasiado lejos. Un sentido que creemos tan infalible como la vista puede ser engañado por una verdadera plétora de ilusiones ópticas. Una función cerebral, como la memoria, se basa en gran medida en procesos por debajo de la conciencia, y la memoria implícita (escribir con un bolígrafo, andar en bicicleta) lo es totalmente. [▶77, 200] Una habilidad extraordinaria que damos por sentada, como el lenguaje, funciona porque los dos sistemas funcionan en conjunto para producir una secuencia de fonemas que residen por debajo del nivel de conciencia y se manifiestan como razonamiento consciente, una palabra cada vez.

El sistema consciente opera en modo serial, es decir, con una sola serie de operaciones en secuencia: no es de extrañar, como bien sabes, que sea difícil pensar en más de una cosa a la vez. El sistema por debajo del umbral de la conciencia, por otro lado, administra una cantidad mucho mayor de información –desde emociones hasta recuerdos– en modo paralelo, es decir, integrándolos todos juntos al mismo tiempo. Obviamente, los dos sistemas funcionan como uno solo y ésta es precisamente la sensación que se obtiene.

Lo importante es saber que, a la hora de elegir la casa que comprar, las acciones que vender o incluso la persona con la que casarse, la racionalidad no es el único recurso del que se dispone para tomar la decisión correcta. O equivocada.

6.4.1 Sistema de recompensa

Si en este momento estás experimentando la conciencia de existir, es fundamentalmente gracias a dos factores.

1. Millones de tus antepasados sobrevivieron hasta la edad reproductiva.

2. Todos se reprodujeron.

Si sólo uno de ellos, a lo largo de un árbol genealógico mucho más antiguo que la humanidad, no se hubiera defendido de los peligros, no se hubiera alimentado y cuidado, y si un buen día de su vida no hubiera tenido un impulso sexual, tú no estarías aquí.

Si, como imaginamos, te agrada, que sepas que acabas de sentir un subidón de dopamina. Es la misma molécula que mantiene a las personas alejadas del riesgo y, mientras tanto, las acerca a la comida y al sexo.

Acércate o aléjate. Acepta o evita. Todos los cerebros del mundo han evolucionado con este módulo automático incrustado y subliminal, por simples razones de supervivencia: acércate a la comida o aléjate, acepta o evita. El módulo se denomina «sistema de recompensa» porque se activa produciendo estímulos cerebrales que *premian* una determinada acción o viceversa, la desalientan. El sistema funciona en conjunto con el módulo de aprendizaje [▶169] (que puede reforzar la motivación para repetir la acción) y con el módulo de memoria [▶77] (para recordar la lección en el futuro). Decir que todo esto también es vital para la sociedad moderna es quedarse corto: sin el sistema de recompensa, la hamburguesa y las patatas fritas, el orgasmo, Internet, las apuestas, la cocaína y las compras, no sería lo mismo.

La moneda que generalmente utiliza el sistema de recompensa es la dopamina. Los axones de las neuronas dopaminérgicas parten del mesencéfalo, y más precisamente del área tegmental ventral o VTA, y se propagan hasta llegar a los núcleos *accumbens* (el llamado camino mesolímbico: desde el mesencéfalo al sistema límbico) mientras otros llegan a la corteza prefrontal (camino mesocortical). Se les llama dopaminérgicos porque son capaces de liberar dopamina en las sinapsis. A través de otras vías, el VTA también envía dopamina a las amígdalas (emociones), [▶56] a los hipocampos (memoria de eventos) y al cuerpo estriado (aprendizaje). También hay otros caminos que parten de la *substantia nigra*, siempre desde el mesencéfalo.

Pues sin que tú tengas la menor conciencia de esta maraña de eventos electroquímicos, cuando se disparan las neuronas dopaminérgicas sientes una sensación de placer que te empuja a *acercarte*, de la que quedará, más o menos, una memoria emocional asociada y un conocimiento, más o menos consciente. Pero si, por ejemplo, hueles comida en mal estado, tu VTA registra que es algo de lo que hay que alejarse y rápidamente indica a los núcleos *accumbens* que generen asco, asegurándose también de informar a los hipocampos de que nunca más te acerques a la comida que haya adquirido un color azul.

El hecho de que sin dopamina nada sería igual nos lo han revelado las pobres ratas de laboratorio (que comparten alrededor del 97,5 % de la herencia genética con los *Homo sapiens*). Cuando se les administra una sustancia que bloquea los receptores de dopamina, dejan de comer, potencialmente hasta la muerte. Tan pronto como los receptores se reactivan, comienzan a alimentarse nuevamente como si nada hubiera pasado.

Los chimpancés, en cambio (que tienen el 98,8 % del genoma en común con los humanos), nos han revelado que no es del todo correcto llamar «molécula de placer» a la dopamina. En numerosos estudios de laboratorio han demostrado que, contrariamente a lo que se creía, la recompensa neuronal no se dispara al final, sino antes de realizar la acción. O más bien: la dopamina primero enjuaga el cerebro cuando el conejillo de indias descubre que al tirar de la palanca tres veces, una recompensa comestible llueve del cielo. Después de eso, cuando ha aprendido cómo hacerlo, el neurotransmisor riega su cerebro para provocar una acción *ex-ante*, no para recompensarla *ex-post*. La nueva idea es que la dopamina, más que del placer, se ocupa del querer.

Pero los experimentos con chimpancés, macacos y otros primates han agregado otra pieza al rompecabezas del sistema de recompensa. Si después de haber aprendido el truco, el animal se acostumbra con el tiempo a las recompensas autodispensadas a voluntad, cuando se interrumpe el juego (por obra de un científico sádico), se pone nervioso. Digamos que muestra los síntomas de la codicia: significa que la activación de la vía dopaminérgica se ha convertido en un hábito.

Los hábitos son una especie de círculo que se repite y se vuelven muy útiles en la vida cotidiana. Has puesto toda tu atención en aprender la secuencia de operaciones que arrancan el motor y hacen que un automóvil se mueva; hoy realizas los mismos trámites sin siquiera darte cuenta. Pero los hábitos también sirven para hacer funcionar el sistema económico. Si sólo caminar frente a esa heladería es la señal que desencadena la necesidad de agarrar un cucurucho de chocolate, es porque depende de los hábitos incorporados en la forma subliminal de la recompensa. Gracias a este módulo, la publicidad, el marketing y el estudio psicológico de los consumidores aumentan la facturación y las ganancias a escala planetaria: si se activa el VTA del comprador antes de coger esa marca de pasta de dientes del estante, significa que el anuncio comercial de televisión ha dado en el blanco.

A veces, sin embargo, los hábitos se apoderan de todo el sistema y de alguna manera se convierten en una prioridad. La «voluntad» se convierte en una necesidad urgente, tan urgente que arruina la salud, la reputación, el trabajo, la familia. En esta etapa, se denominan adicciones. [▸201]

Aquí es donde la hamburguesa y las patatas fritas, el orgasmo, Internet, las apuestas, la cocaína y las compras suben al mismo nivel. La otra cara de la plasticidad neuronal es que se puede volver indiferentemente adicto a los alimentos grasos, la pornografía en Internet, los videojuegos, la ruleta, el alcohol o las compras, a veces con repercusiones desagradables. Si bien la investigación científica continúa indagando por qué no todos los cerebros son propensos a desarrollar estas adicciones, estudios recientes han llevado a identificar el camino psicológico y neuroplástico que hay seguir, aunque solo sea para escapar de pequeños hábitos no deseados. [▸201]

En definitiva, todo el sistema de recompensas es un mosaico complejo de experiencias que son instantáneas en el presente, pero también duraderas porque involucran a la memoria del pasado. Y también son proyectadas hacia el futuro porque, en definitiva, sirven para que tomes decisiones que seguramente consideras elecciones racionales y conscientes. Lamentamos informarte de que incluso esas elecciones son en gran medida subliminales.

6.4.2 Libre albedrío

Hace un rato, en lugar de leer correos electrónicos, decidiste coger un libro. Hojeaste algunas páginas y optaste por detenerte precisamente aquí (aunque podrías haber elegido otra). También podrías haberlo cerrado de repente y haber encendido la televisión, pero decidiste continuar hasta estas palabras.

La vida cotidiana aparece como una secuencia de elecciones libres. Desafortunadamente, según muchos filósofos y científicos, toda esta gran libertad es simplemente una ilusión. El libre albedrío no existe. Al leer este libro y estas palabras exactas, sólo has seguido un guion predeterminado. Tal afirmación choca con la experiencia cotidiana, pero, admitiendo que esto es realmente una ilusión, también choca con las habituales relaciones de causa y efecto a las que estamos acostumbrados, hasta el punto de cuestionar el concepto de responsabilidad, que es la base de todos los códigos civiles y penales del mundo. Y también de muchas doctrinas religiosas, ya que las reglas o mandamientos se basan implícitamente en una amplia disponibilidad del libre albedrío. No en vano, también es un tema que acaba irritando a muchos cerebros.

Si caes en este grupo, preferimos no dejarte en ascuas y, para calmar las hormonas del estrés que tienes actualmente en circulación, te anticipamos tres cosas: que es un misterio todavía sin soluciones ciertas, que mucho depende del modo en que está definido y que es razonable creer que al menos alguna medida de libre albedrío está a tu disposición. Pero procedamos en orden.

No hay filósofo de la historia que no se haya pronunciado sobre el libre albedrío, desde Aristóteles hasta Kant. La complejidad de las ideas que han circulado durante siglos de crítica y reflexión es monumental. Para simplificarlo al extremo, podríamos decir que el libre albedrío no es compatible con el determinismo, la idea de que para cada evento hay una causa que sólo puede provocar ese mismo evento. Es un concepto que se origina en la antigua Grecia, pero que ha encontrado un terreno fértil desde que Isaac Newton demostró que el universo se mueve según una serie de implacables leyes de la física. El cuerpo humano (incluido el cerebro) está formado por átomos: los mismos que forman el macrocosmos determinista en el que vives actualmente.

Sin embargo, hace casi un siglo, se descubrió que en el microcosmos de esos átomos las reglas del juego cambian sorprendentemente. En el mundo picoscópico de la mecánica cuántica (un átomo de hidrógeno tiene 25 picómetros de tamaño, 25 millonésimas de millonésimas de metro), los «objetos», como los fotones o los electrones, presentan una doble naturaleza de ondas y partículas, pero sobre todo se rigen por la incertidumbre: al tamaño de las partículas subatómicas, la seguridad determinista se reemplaza por la probabilidad.

Hasta que, en 1985, el psicólogo Benjamin Libet inventó un experimento para medir el lapso de tiempo entre la volición y la acción. Al conectar a sus sujetos a un EEG, que registra la actividad cerebral, y un electromiógrafo, que detecta la actividad muscular, Libet les pidió que doblasen las muñecas a ciertos intervalos, señalando el momento exacto en el que decidían hacerlo. Y descubrió algo sorprendente: en la zona de la corteza frontal encargada de preparar los movimientos, se registraba una actividad cerebral llamada «potencial de preparación motora», 350 milisegundos antes de que el sujeto se declare consciente de su propia acción. Para muchos, es una prueba de que los actos y decisiones voluntarios comienzan de manera subliminal, más allá del umbral de la conciencia. No hay lugar para el libre albedrío.

Podrían surgir dudas éticas sobre los límites biológicos de la culpa, [▸145] pero la ausencia total del libre albedrío se reconcilia muy mal con una civilización basada en la responsabilidad civil y penal. De hecho, incluso puede ser perjudicial. En un estudio psicológico de 2008, se leyeron a dos grupos dos citas diferentes de un científico famoso: la primera, una declaración genérica sobre el tema de la conciencia, y la segunda, una que excluía categóricamente la existencia del libre albedrío. Luego se organizó un juego con recompensas económicas, donde sin embargo era fácil adivinar cómo hacer trampa. Bueno, aquellos que se sintieron eximidos del libre albedrío demostraron un 45 % más de tendencia a comportarse de manera inmoral.

Afortunadamente, en medio de deterministas, libertarios, incompatibilistas y revisionistas –sólo algunas de las corrientes de pensamiento que se enfrentan en este desafío–, también hay compatibilistas. Es decir, aquellos que creen que existe algún espacio para el libre albedrío incluso en el universo determinista.

El físico inglés Roger Penrose ha sugerido que la mecánica cuántica, que regula la materia en el nivel subatómico, podría explicar tanto la existencia de la conciencia como la del libre albedrío. Hay quienes disputan esta hipótesis (por ejemplo, argumentando que no coincide con la temperatura de funcionamiento del cerebro) y quienes la han abrazado hasta el punto de transformarla en imaginativas teorías sobre la «mente cuántica». [▸213]

El filósofo Daniel Dennett, autor del libro *La evolución de la libertad*, sostiene que «somos más libres que las partes que nos componen, sin tener que añadir nada misterioso», porque la diferencia no está en la física, sino en la biología. Hace mil millones de años, no había rastro del libre albedrío en la tierra. Luego, poco a poco, la evolución fue sumando a los organismos vivos habilidades y competencias cada vez mayores, que en el *Homo sapiens* literalmente explotaron, hasta el punto de incorporar una que es exclusiva del mundo animal: saber predecir las consecuencias futuras de las propias acciones. Es la base de la moralidad y de la vida social.

Piénsalo. Si alguien te pregunta: «¿Por qué has hecho esto?», tú podrías responder de manera precisa y racional. El cerebro ordena acciones por razones que se le representan en un nivel consciente, pero que están influenciadas en un nivel subliminal. Es posible que el umbral entre estos dos niveles sea variable. Si estás hablando en un idioma que aún estás aprendiendo, harás un esfuerzo consciente para asociar verbos y conjugaciones. Pero en tu lengua materna, es la parte inconsciente la que se hace cargo. Piensa en un saxofonista en el acto natural de improvisar sobre la armonía de una canción: en el flujo de las notas que toca, puede que incluso tenga que tomar cinco o diez «decisiones» por segundo. A nivel consciente, nunca tendría tiempo suficiente para hacer esto, a menos que recurriera a la musicalidad que integró subliminalmente en su cerebro. No hay espíritu que lo guíe, no hay destino que lo controle, pero es un cerebro que, compuesto por una parte visible y una parte invisible para sí mismo, funciona muy bien como tal.

Por supuesto, como sostiene el eminente biólogo Jerry Coyne, también puede ser cierto que «el libre albedrío es una ilusión tan convincente que la gente no quiere creer que no existe». Sin embargo, no creerlo, como hemos visto, no es bueno para la salud ni para la sociedad.

«¿Cree en el libre albedrío y la elección autónoma?», se le preguntó en público al periodista y escritor Christopher Hitchens. Quien prontamente respondió: «No tengo otra opción».

6.4.3 Personalidad

El hombre más afortunado del mundo se llama George, pero nadie sabe quién es ni dónde vive. En 1983, como reveló más tarde un estudio científico, George tomó una decisión. Tenía 19 años, era buen estudiante y sabía bien que el diagnóstico no le dejaba salida: su trastorno obsesivo compulsivo [▶211] lo obligaba, entre otras cosas, a lavarse las manos decenas de veces al día. Su vida social estaba comprometida, su vida interior estaba patas arriba. Un día cogió una pistola y se disparó en la cabeza. Los médicos lo operaron. Sobrevivió. Esta vez, sin embargo, finalmente estaba libre de sus obsesiones: la bala le había quitado el centro neuronal de su trastorno, transformándolo efectivamente en otra persona.

George fue incluso más afortunado que Phineas Gage, quien sobrevivió a una perforación mucho mayor del lóbulo frontal y sufrió un drástico deterioro de su personalidad. Pero gracias a él los científicos de su época, a mediados del siglo XIX, comenzaron a sospechar la existencia de un vínculo directo entre la biología y el comportamiento.

El comportamiento, que se origina en la suma de la conciencia a todo el caos subliminal subyacente, es la expresión en el tiempo y el espacio de la personalidad individual. Y la personalidad es esa huella inconfundible de cada mente humana, hecha de una mezcla indefinida de valores, recuerdos, relaciones sociales, hábitos, pasiones, intereses.

Los psicólogos, que estudian y clasifican los comportamientos, han elaborado numerosas clasificaciones para intentar encasillar la gama de personalidades que exhibe la raza humana. Quizá el enfoque más conocido y más utilizado divide al mundo en cinco categorías, asumiendo que todos los cerebros caen en cada una, en un grado más o menos alto.

La **apertura**, por ejemplo, define la predisposición a la novedad. Es posible que te sienta inclinado a alejarte de cualquier experiencia nueva, ya sea intelectual o sensorial; o puedes sentir que todo lo que nunca has hecho, visto, oído o saboreado tengas que hacerlo, verlo, oírlo o saborearlo por principio. Más fácilmente, sin embargo, tu cerebro se ubicará en algún lugar entre esos dos extremos.

La **meticulosidad** divide entre quienes planifican y organizan su vida hasta el más mínimo detalle, respetando los plazos como si fueran la ley, y quienes lo dejan todo al azar, no se preocupan por nada ni les importan los plazos. No hace falta decir que casi ningún cerebro en el mundo es tan exagerado: la mayoría cae dentro de los colores intermedios del arcoíris de la conciencia.

La **extroversión** es el ejemplo más llamativo de las posibles tonalidades cromáticas de la personalidad, quizá porque a los ojos de los demás es más evidente y «mensurable». El cerebro más extrovertido no es el primero en llegar a la fiesta o a la cena, pero es el que más llama la atención hasta el último momento. Por el contrario, el cerebro introvertido por excelencia no es el que se sienta en una esquina con el vaso en la mano o se va primero. Es el que no se presenta en la fiesta.

La **amabilidad**, por otro lado, depende de la relación con los demás y, por lo tanto, puede ser aún más subjetiva y cambiante. Las gradaciones van desde el cerebro que lo hace todo para ser amado por cualquiera hasta el que lo hace todo para ser odiado.

Finalmente, está el **neuroticismo**, la categoría más complicada desde todos los puntos de vista, en la que los cerebros con puntajes altos tienden a experimentar emociones negativas como ansiedad, miedo, ira, frustración, celos, culpa, etc.

Estas cinco categorías, que algunos llaman cariñosamente «Big Five», corren el riesgo de excluir algunos matices sobresalientes del mosaico mucho más complejo de la expresión humana, aunque ayuden a comprender su extrema variabilidad.

Las preguntas reales son otras: ¿qué determina la personalidad? ¿Dónde reside? ¿Importa más la naturaleza o la cultura?

El mismo cerebro tiende a comportarse de manera diferente a los sesenta años que a los veinte, a menudo restringiendo su apertura a la novedad. Pero incluso en un solo día, debido a eventos, al medio ambiente o a las hormonas en circulación, el grado de extroversión o conciencia puede cambiar drásticamente. Sin embargo, como habrás notado, los otros cerebros nos parecen sustancialmente estables en lo que llamamos temperamento o carácter: el niño con un agudo sentido del humor (aquí hay un matiz que escapa a los Big Five) tiende a ser divertido también como adulto. La razón de esta discrepancia radica en el hecho de que la personalidad está marcada tanto por la naturaleza del patrimonio genético como por la cultura del entorno familiar. Pero esta vez no de forma equilibrada.

Si el ADN y el medio ambiente tienen un peso del cincuenta por ciento, por ejemplo en la construcción de la inteligencia, cuando se trata de la personalidad las cosas cambian.

Numerosos estudios, neurológicos y psicológicos, muestran que el grado de extroversión o neuroticismo depende más de los cromosomas de la madre que de lo que ella misma hace o le dice al bebé. En otras palabras, la «naturaleza» forja la personalidad mucho más que la «cultura».

Esta idea, expuesta y argumentada en 1997 por la psicóloga Judith Rich Harris, anuló por completo la visión anterior, que también se basaba en el sentido común: una familia violenta produce un niño violento; un padre extrovertido cría a un hijo extrovertido.

En cambio, todo ayuda a indicar que la nueva intuición es la correcta: por mucho que un padre intente moldear la personalidad de sus hijos, su ejercicio es casi inútil. Es uno de esos raros casos en los que nace primero la gallina que el huevo. Si uno de los padres es del tipo deportivo, los niños serán atléticos. Si les encanta leer, es probable que les guste leer. Más que una cuestión de impronta, sin embargo, es que las inclinaciones respectivas se registran en los genes de la madre y del padre que suman —aquí sí, cincuenta y cincuenta— en el genoma.

Una multitud de estudios, sobre todo en parejas de gemelos (que por tanto comparten la herencia genética y la habitación) confirman esta hipótesis. Pero también hay más. Un complicado estudio realizado en Dinamarca hace unos años examinó a más de 14 000 adultos adoptados en la infancia y, comparando sus antecedentes penales con los de los padres adoptivos y biológicos, encontró que la inclinación al comportamiento delictivo tiene un componente hereditario. Otro estudio realizado en 2015 por la Universidad de Copenhague, junto con las de Georgia y Texas, fisgoneó (afortunadamente con resonancia magnética) en la anatomía del cerebro de 107 chimpancés, todos clasificados según sus respectivos temperamentos. Resultó que aquellos que mostraban una personalidad dominante tenían más materia gris en la corteza prefrontal derecha; los clasificados como abiertos y extrovertidos, sin embargo, tenían más materia gris en la corteza cingulada anterior de ambos hemisferios. Y así sucesivamente.

No te preocupes: no son malas noticias. Acabas de descubrir por qué nadie, salvo por violencia o encarcelamiento, puede tener acceso a tu personalidad. Pero eso no significa que tú no lo tengas.

De acuerdo, es poco probable que aquellas personas que evitan las fiestas se conviertan en el centro de las fiestas; los que aman asumir responsabilidades, pequeñas o grandes, difícilmente empezarán a ausentarse. Pero el cerebro es plástico. La personalidad está influenciada por el sistema de recompensa, que a menudo puede corregirse plásticamente. Una persona poco responsable puede decidir incrementar su grado de confiabilidad ante alguna tragedia en la vida, o simplemente si se da cuenta de que le conviene. Una persona propensa a albergar más miedos que la dosis recomendada (si no ha traspasado el límite patológico) puede aprender a moderar su neuroticismo. [▶181]

Sin embargo, eso ocurrirá siempre que tenga al menos una idea del panel de control y de sus intrincados mecanismos.

7.0 PANEL DE CONTROL

Desde el panel de control, puedes regular las funciones voluntarias de tu cerebro, como la motivación, la atención, el aprendizaje, la imaginación o la emoción. Pero hay un problema. Cada cerebro está formado por genes (reserva cromosómica), por la epigenética (cambios en la expresión genética que no dependen de los genes) y por los memes (la información cultural a la que estuviste expuesto después del nacimiento). Como resultado, no hay dos cerebros iguales en el mundo, lo que hace imposible describir un panel de control que sea igual para todos.

Afortunadamente, existen principios comunes en el funcionamiento neuronal que permiten a cualquier usuario ejercer un margen considerable de control sobre su cerebro, pero no sin un alto grado de compromiso: las funciones voluntarias del cerebro requieren, por su naturaleza, una cascada de voluntariedad.

Sin motivación, es difícil mantener la atención. Sin atención, el aprendizaje se ve obstaculizado. Sin aprendizaje, el conocimiento no se nutre. Sin conocimiento dinámico, la imaginación no vuela. Sin imaginación, no se puede intentar —y no faltan los obstáculos— tomar decisiones racionales o resolver los problemas más difíciles.

Pero ¿qué tienen en común estas propiedades cerebrales? Bueno, el hecho de que todas se puedan aprender, mejorar, perfeccionar. Puedes aprender a aprender. Se puede desarrollar la creatividad. El control de impulsos se puede ajustar hasta que se cambien los hábitos no deseados. En resumen, se puede hacer bastante más de lo que muchos cerebros suelen pensar.

7.1 MOTIVACIÓN

La motivación es parte del equipamiento estándar de todo cerebro. Sin embargo, los motivos que te llevan al baño o a la cocina por la mañana son muy diferentes a los que te animan a aprender a tocar la guitarra o a hablar italiano. De hecho, los primeros son automáticos y dependientes de estímulos, mientras que los segundos implican una voluntad, generada en las áreas ejecutivas de la corteza cerebral. [▶65] Son los que afectan al panel de control de tu cerebro.

La procrastinación, el adversario más frecuente de la motivación, no nació en la era digital. «En la realización de cualquier cosa son odiosas la lentitud y la demora», escribió Cicerón hace más de veinte siglos. Según algunos estudios sobre el tema, el 20 % de los cerebros del mundo se ven afectados por la procrastinación crónica, pero suponemos que la resolución «ya lo haré mañana» está mucho más extendida. El pensamiento también opera en dos sistemas cerebrales paralelos. Uno es ultrarrápido, en gran parte automático y muy por debajo del umbral de la conciencia. El otro es lento, reflexivo y se manifiesta por la «voz» que escuchas en tu cabeza. El primero se basa en las estructuras primitivas del cerebro «reptil» y «mamífero» (como el cerebelo y la amígdala). El segundo se basa en la sofisticada estructura del cerebro «primate», la neocorteza. Y a menudo compiten entre sí.

La neocorteza es la que decide que ha llegado el momento de incorporarte al gimnasio, por motivos tan visibles (el vientre) como racionales (la salud). Así, mueves las piernas hacia el mostrador de registro donde se paga la cuota anual, experimentando una curiosa sensación de bienestar promovida por la dopamina. [▶33] Es curioso, porque la recompensa proviene de la alegría de haber tomado finalmente una decisión saludable, aunque sea con toda probabilidad una ilusión. [▶207] En América (a nivel europeo los datos no están disponibles), el 67 % de los que se matriculan en el gimnasio nunca van allí. Éste es el caso típico de la toma de control del cerebro «reptil». La capa más interna de tu cerebro no sólo es perezosa: odia los cambios. Es caprichosa y quiere liderar. La vista de un pastel, el paso de un ser humano atractivo o el sonido de un mensaje en el teléfono inmediatamente desvía la atención de cosas más importantes, como el trabajo, el estudio o conducir un automóvil.

Esto no quiere decir que el cerebro «primate» no pueda ordenarte que cambies, que hagas algo o que prestes atención. Lo hace. Y también lo consigue. Pero ese otro, como si fuera un niño, un minuto después sugiere que es hora de echar un vistazo a Facebook o que no queremos ir a esa conferencia hoy que «hace buen tiempo/mal tiempo, hay huelga de autobús/tengo las ruedas de la bicicleta deshinchadas». En ausencia de una razón sólida para rebatirlo con elegancia, el cerebro primario siempre gana. Supongamos que sabes exactamente de qué estamos hablando.

Ahora, después de haber aceptado dejarlo al mando, puedes intentar engañarlo usando los mismos mecanismos que lo hacen funcionar.

Circuitos de la emoción. En resumen, la motivación se enciende a través de un proceso de asociación: cuando pensamos en una meta que queremos alcanzar, damos lugar a un estado mental correspondiente. Recordar experiencias felices del pasado (la memoria está estrechamente ligada al sistema emocional) ayuda a crear un estado mental positivo. Muchos grandes tenistas, tan solitarios en su ocupación, durante el partido están acostumbrados a hablarse a sí mismos (incluso en voz alta) para «cargarse las pilas»: y evidentemente funciona. También puede ser emocionalmente útil variar la rutina de trabajo o agregar alguna forma de novedad o diversión a las tareas repetitivas.

Sesgos cognitivos. Psicológicamente es más fácil terminar un trabajo que ya ha sido comenzado que uno que aún no ha comenzado. Uno de los muchos sesgos cognitivos [▶198] dice esto y la sabiduría popular lo confirma: «Quien tenga un buen comienzo ya tiene ganada la mitad de la batalla». Incluso cuando divides el trabajo o estudio en bloques, da la impresión de que todo es más fácil y asequible.

Sistema de recompensa. Procrastinar significa preferir una recompensa inmediata. [▶149] La motivación, por otro lado, concierne al futuro: apoya una acción que conducirá a una recompensa futura, como un diploma o un ascenso. Poder proyectar un resultado final en la mente, incluso a años vista, es una peculiaridad exclusiva del implante cerebral humano. Ya sólo imaginar el logro de una meta lejana induce una recompensa. Pero lo mismo ocurre también con las metas a más corto plazo, de manera que el estudio o el trabajo dividido en bloques permite repetir la experiencia dopaminérgica varias veces en un mismo día. Así es como el neocórtex puede intentar conscientemente apaciguar los antojos automáticos del cerebro «reptil».

Plasticidad. La tendencia de un cerebro a estar predominantemente motivado o desmotivado tiene su origen en su estructura y en el conjunto de sus conexiones. Investigadores de Oxford, al estudiar los dos tipos de inclinación con resonancia funcional, han encontrado rastros de esta diferencia en la comunicación entre la corteza cingulada y la corteza premotora de los lóbulos frontales, que está involucrada en la elección de emprender una acción. Pero el hecho interesante es que la máxima actividad no se encuentra en los cerebros motivados, sino en los desmotivados, como si sus conexiones fueran ineficaces hasta el punto de requerir aún más energía para pasar del pensamiento a la acción. En este sentido, es más fácil entender por qué a una persona le cueste más que a otra. Pero si tu grado general de motivación te desmotiva, que sepas que la plasticidad también funciona en este caso.

Ahora bien, es cierto que se necesita motivación y atención para desencadenar los necesarios efectos bioquímicos que preludian la creación y la consolidación de las sinapsis. Pero, así como el optimismo o, por el contrario, la ansiedad cambian estructuralmente el cerebro, la práctica de la motivación también tiene sus efectos plásticos a largo plazo.

El juego entre la parte ancestral, automática y emocional de tu cerebro con la evolutivamente moderna, lenta y reflexiva se juega todos los días, a cada hora. El resultado está en tus manos; perdón, en tus lóbulos frontales.

ON	OFF
Planificar y actuar.	Procrastinar.
Saber que existe un conflicto entre el cerebro «reptil» y la neocorteza.	Creer que se está al mando.
Saber que la motivación se puede incentivar.	Aceptar pasivamente la desmotivación.
Usar emociones, recompensa, plasticidad para tomar la iniciativa.	Dejarse llevar por la desmotivación.

7.2 ATENCIÓN

En este instante, estás observando un libro. De hecho, para ser precisos, estás enfocando la mirada en una secuencia de signos que representan palabras, que codifican un significado que tu cerebro ha aprendido a interpretar. En términos más simples, estás prestando atención a lo que lees.

Pero no es ni mucho menos tan fácil. Al mismo tiempo, también sientes el peso de tu cuerpo sobre la silla, el viento que entra por la ventana y te acaricia la piel, el olor del asado que viene de la cocina, el ruido del tráfico a lo lejos, la chica del quinto piso que estudia el violonchelo. Aunque no sólo eso. Además del diluvio de información que llueve desde el exterior, internamente también percibes el fluir de tus pensamientos, que se superponen a las palabras del libro. ¿Cómo es posible que, en medio de este caos, puedas entenderlos? ¿Cómo te las arreglas para concentrarte en ellos y dejar fuera todo lo demás? El sistema de atención es una parte integral del cerebro humano desde el nacimiento. Sirve para orientar la mente hacia los estímulos que requieren una respuesta: desde el abrazo que preludia al biberón hasta la llamada de un animal salvaje que aconseja la fuga. Sin embargo, hoy en día, cuando los trabajos intelectuales han superado en número a los trabajos manuales en la sociedad postindustrial, la atención se ha convertido en un recurso aún más fundamental de la economía, una medida de su propia productividad. Es una lástima que sea un recurso limitado y que se ponga a prueba cada vez más.

La idea de la multitarea proviene de la analogía entre el cerebro humano y el ordenador. Así como un ordenador es capaz de realizar múltiples tareas al mismo tiempo, se asume que un cerebro nacido o criado en la era digital se puede dividir entre trabajo, SMS, correo electrónico y notificaciones de Facebook y WhatsApp. Pero está claro que eso es mentira. El cerebro es ciertamente capaz de concertar una cita por teléfono, escuchar la radio y conducir el coche al mismo tiempo, pero no sin correr el riesgo de sufrir un accidente. No sólo la capacidad de atención es limitada, sino que, al dejar de enfocar la atención en una cosa para enfocarla en otra, generalmente experimenta un «agujero» de aproximadamente medio segundo, llamado *«attentional blink»*, durante el cual el sistema simplemente falla. Y mientras viajas en automóvil a 100 km/h, medio segundo puede ser vital.

Obviamente, hay que distinguir entre la atención automática (darse la vuelta cuando se oye el nombre de uno) y la atención voluntaria (decidir leer un capítulo de un libro). No es sorprendente que las dos cosas a menudo entren en conflicto: se ha demostrado que las interrupciones causadas por llamadas telefónicas, correos electrónicos y otros mensajes interfieren negativamente con el aprendizaje de un estudiante, y también se ha demostrado que contribuyen a reducir la productividad laboral hasta en un 40 %.

Como si las perturbaciones del exterior no fueran suficientes, el control de la atención neuronal a veces también se ve comprometido por factores internos, exquisitamente conectados a la configuración cerebral personal. La existencia de un síndrome de déficit de atención (más conocido como TDAH, trastorno por déficit de atención con hiperactividad) no se reconoció con precisión hasta la década de 1980 y se diagnosticó a gran escala en la década de 1990. Tres veces más frecuente en los chicos, y ligado a un marcado componente genético, el déficit de atención se caracteriza por poca concentración, impulsividad y, en algunos casos, hiperactividad que dificultan el aprendizaje.

Lo que en la escuela apareció como un rasgo de comportamiento execrable ahora se clasifica, aunque con algunas distinciones, como una patología. Por lo general, desaparece al final de la adolescencia, pero en aproximadamente el 30 % de los casos continúa hasta la edad adulta. Según algunas estimaciones, el 2 % de la población adulta sigue afectada.

El sistema de atención está regulado por la dopamina. [▶33] Aunque no existe un área del cerebro correlacionada con la atención, se ha encontrado una actividad más intensa en la corteza frontal y temporal, [▶73] donde las neuronas comienzan a gritar. Bueno, es una manera de decirlo: pero a medida que alzamos la voz para hacernos oír en un entorno ruidoso, algunas neuronas parecen inclinadas a aumentar la intensidad de los mensajes que transmiten, precisamente para filtrar distracciones. Según otros estudios, el cerebro también se concentra sincronizando el ritmo de la «detonación» de ciertas neuronas, hasta el punto de que algunos teorizan la posibilidad de utilizar la educación musical para paliar los síntomas del TDAH.

La neurociencia de la atención intenta desatar los nudos de esta maraña por más de una noble razón: los déficits de atención provocan accidentes, disparidades sociales y actualmente se tratan (incluso en niños) con fármacos llenos de efectos secundarios. [▶238]

Como siempre, tu cerebro es capaz de aprender. También para concentrarse mejor, para mejorar la capacidad de atención y con ello incentivar, a través del sistema de recompensas, [▶149] los esfuerzos posteriores. Así, el primer esfuerzo que hay que realizar para mejorar el nivel de atención es, si fuera necesario, desconectar durante unas horas de los flujos de información que llegan de los teléfonos móviles y tablets, nuestras seductoras armas de distracción masiva. Se ha demostrado que la multitarea aumenta el estrés y no produce el efecto deseado de hacer más y hacerlo antes: se hace menos y en más tiempo.

Además, como todo el mundo sabe, hay atención y atención. Puedes prestar atención distraídamente a un partido de fútbol mientras lees un libro y, a medida que aumenta el tono de voz del comentarista, concentrarte en la potencial acción de gol. Pero si quieres aprender, debes estar siempre concentrado. La concentración requiere un acto de voluntad, y se puede aprender y mejorar. Según algunos estudios, la atención está vinculada a la capacidad de excluir pensamientos o impulsos irrelevantes. Pero es obvio que nadie puede mantener la concentración indefinidamente.

Hay una técnica adoptada por muchos, llamada «técnica *pomodoro*» (en italiano) porque su inventor la aplicó usando un temporizador de cocina con forma de tomate. Se trata de realizar un compromiso intelectual en bloques de veinticinco minutos, con descansos de cinco minutos entre uno y otro. Después de cuatro bloques, equivalentes a dos horas, hay una pausa más larga de unos veinte minutos. La idea es que mantener la atención durante cuatro horas seguidas no sólo sería difícil, sino también contraproducente. Los descansos se utilizan para enfocar mejor.

La llamada «economía de la atención», ya teorizada en los años setenta, ha cobrado protagonismo desde que los nuevos gigantes industriales (Google, Apple, Facebook, Netflix, Amazon) comenzaron a competir con los medios tradicionales por compartir un mismo recurso: la atención del público, que, como todos los recursos económicos, se caracteriza por la escasez. No puedes prestar atención a series de televisión, sitios web, periódicos, aplicaciones y videojuegos durante más de un cierto número de horas al día.

Como sugiere Cal Newport, profesor de Ciencias de la Computación en la Universidad de Georgetown, en su libro *Deep work*, la atención es el nuevo factor clave de la competencia. En su opinión, los cerebros que sean capaces de alejar mentalmente las distracciones serán los que triunfen en la nueva economía. No sólo porque el trabajo intelectual prevalecerá aún más, sino porque parece que las capacidades de atención, en el actual caos de información, están disminuyendo a escala global.

Como siempre, con esfuerzo consciente y repetición, también se puede mejorar la atención. Hay quienes aseguran que la meditación también puede ser de enorme ayuda. [▶233] Siempre y cuando no eches un vistazo al teléfono móvil mientras tanto.

ON	OF
Tratar de desconectarse de las distracciones.	Practicar incesantemente la multitarea.
Entrenar la capacidad de concentración.	Creer que la concentración no se puede mejorar.
Mantener un ritmo en la concentración, pero intercalando descansos.	Concentrarse de vez en cuando.
Meditación.	Aluviones sensoriales (por ejemplo, fiestas).

7.3 APRENDIZAJE

Se cree que tu cerebro comenzó a aprender cuando todavía estabas envuelto en un mundo líquido, amortiguado y semioscuro. Fue allí donde empezaron a moverse los primeros engranajes sinápticos, un preludio del diluvio sensorial del nacimiento. [▶91] Desde entonces se ha ido transformando progresivamente en la *learning machine* más poderosa del mundo, una máquina especializada en el aprendizaje.

Las plantas también aprenden a su manera. Todos los animales, aunque en grados muy diferentes, aprenden. Pero nadie lo hace como el *Homo sapiens*, que sobre esta propiedad evolutiva construyó la civilización de la que forma parte.

Al menos por el momento, la *machine learning* humana es aún más sofisticada, flexible y poderosa que la *machine learning*, el aprendizaje automatizado que subyace a la creciente ola tecnológica llamada inteligencia artificial. [▶249] Una niña de un año aprende el sentido del equilibrio de una manera que ningún robot podría soñar. Un niño de tres años reconoce un camión independientemente de sus características, color u orientación en el espacio. Un adolescente de quince años sabe escribir, chutar una pelota sobre la marcha y describir en profundidad los problemas del mundo que lo rodea. Y así a lo largo de toda la vida, donde la suma de la información adquirida, reforzada o modificada se codifica en la memoria neuronal con un proceso que nunca termina y que contribuye a diseñar la personalidad.

Piensa en ello: tú eres lo que tu cerebro sabe y puede hacer. El aprendizaje es la función más crucial del cerebro humano desde la gestación hasta la muerte. Los usuarios individuales, las familias y las naciones lo saben muy bien, aunque a menudo sólo sea en teoría. Sin embargo, no hay una mejor inversión a largo plazo que dedicar tiempo y recursos a aumentar el crecimiento sináptico, [▶31] ejercitando los potenciales de acción [▶24] y produciendo mielina [▶45] para uno mismo, para sus hijos o para sus conciudadanos.

Ahora, dejemos de lado casos como el del inglés Tristan Pang que leía a los dos años, sabía matemáticas de secundaria y que, en 2013, a los doce, ingresó en la universidad. O como el de Joey Alexander, un pianista de jazz indonesio que en 2016, a los once años de edad, sacó su primer disco y fue nominado a un Grammy. Se desconocen los mecanismos cerebrales de estos talentos naturales. Comparten una capacidad de atención extraordinaria y una motivación infantil que convierte los libros o el piano en su juego favorito. Pero una cosa debe quedar clara: en la casa donde nació Tristan no había escasez de libros de matemáticas y en la casa de Joey no faltaba el jazz. Si Mozart hubiera nacido en un pueblo de Siberia en lugar de haberlo hecho en Salzburgo con un clavecín en la sala de estar, la historia de la música sería diferente.

Así que dejemos de lado ese 0,0001 % de cerebros especiales. El 99,9999 % restante de los cerebros tiene que luchar para aprender. Si te resulta difícil aprender matemáticas o estudiar piano, debes saber que eso es algo perfectamente normal. El punto crucial es otro: ¿te gusta trabajar duro o, por ir al otro extremo, lo odias? Porque sería bueno considerar este esfuerzo como una alegría: significa que el fortalecimiento a largo plazo de tus sinapsis está funcionando. Como lo confirma el trabajo de la psicóloga Carol Dweck, el cerebro se vuelve más inteligente si cree que puede volverse más inteligente. Asimismo, el cerebro aprende mejor si está convencido de que puede aprender cualquier cosa, sin la idea malsana de que el destino fija el talento.

Y no sólo eso. Los estudios sobre los mecanismos del aprendizaje revelan que para llegar a ser un verdadero maestro de una materia, de un lenguaje o de un instrumento, hay que sacar al cerebro lo más posible (y sin exagerar) de la zona de confort, el área donde no tiene que esforzarse demasiado. El escritor Malcolm Gladwell, en su libro *Fuera de serie*, propuso lo que ahora se llama la «Regla de las 10 000 horas»: en cualquier actividad humana, te conviertes en un maestro si estudias o entrenas correctamente durante 10 000 horas, es decir, durante una media de veinte horas a la semana durante diez años. Todo es cuestión de tiempo, es cierto, pero es ese «correctamente» lo que marca la diferencia. Tomemos al niño pianista. Si después de haber aprendido tres canciones y todas las escalas mayores desde muy joven se hubiera quedado satisfecho, tratando sólo de mejorar lo que ya sabía hacer sin salir nunca de su zona de confort, la regla de las 10 000 horas no habría dado los mismos resultados. Ahora no viviría en Nueva York con la visa EB1 en el pasaporte, esa que Estados Unidos sólo les otorga a los genios.

La repetición en el tiempo es parte del juego del aprendizaje porque así es como funciona el mecanismo de la memoria: [▶77] las neuronas que se activan juntas, se conectan juntas, dice la regla de Hebb, mucho más científica que la anterior. [▶24] Con el uso repetido de las sinapsis es como se vuelven más fuertes. La loca noche de estudio antes de los exámenes puede servir para aprobar el examen, pero no para recordar durante mucho tiempo lo que has estudiado. Incluso el genio, aunque le cuesta menos, debe repetir y repetir los procesos de aprendizaje a lo largo del tiempo si quiere volverse brillante. Eso es sólo para decir que tú tampoco puede buscar atajos.

No sólo hay sinapsis. Todo el sistema está tan basado en el uso repetido y progresivo de la información que no sólo participan las neuronas, sino también las células gliales. [▶41] Los astrocitos mantienen bajo control la actividad de los axones y, si están elevados, les indican a los oligodendrocitos que agreguen más mielina para protegerlos y mejorar la velocidad de la señal que transmiten. Se ha demostrado que existe una relación directa entre la cantidad de materia blanca (la mielina de los axones) y la inteligencia, el conocimiento y la experiencia. La *learning machine* es extraordinaria. Pero debe usarse. Y saber cómo usarla.

Hemos hablado genéricamente del aprendizaje, pero en realidad sus dimensiones son innumerables. Estudiar un idioma extranjero, como el polaco o el italiano, «ilumina» muchas áreas del cerebro. La coordinación motora, como aprender a nadar o patinar, afecta regiones cerebrales completamente diferentes. Tocar la flauta o el acordeón implica una mezcla de las dos, y así sucesivamente. Es como si hubiera potencialmente un cerebro lingüístico, un cerebro deportivo, un cerebro musical, etc. Hay espacio en tu cráneo para los tres y para muchos más.

Dado que el desarrollo neuronal sufre en la infancia y en la adolescencia los denominados períodos críticos, [▸91] fases en las que se facilitan ciertos tipos de aprendizaje (como los idiomas preescolares), tiene sentido utilizar el primer lapso de la vida para asistir a la escuela y al mismo tiempo a la piscina, a la sala de baile y así sucesivamente. Pero aquí pasamos al nivel de las familias y sobre todo al de los Estados que gestionan la educación pública.

También hay muchas naciones y sistemas educativos. La escuela de Finlandia, que durante años ha estado en lo más alto del *ranking* elaborado por el Foro Económico Mundial, es sustancialmente diferente a las de Canadá, España o Senegal. Sin embargo, en general, la mayoría de los sistemas escolares no les proporciona a los estudiantes más que una pálida información básica sobre ese mismo cerebro que necesitan para estudiar (en un libro de la escuela secundaria italiana contamos 9 páginas dedicadas al cerebro y 12 al sistema digestivo), pero ni siquiera tienen en cuenta los hallazgos de la neurociencia.

Para empezar, el típico profesor estricto o la fecha límite puntual de los exámenes inducen a la producción de cortisol, [▸33] la hormona del estrés. [▸204] Ante la presencia de señales de miedo, las estructuras más primitivas del cerebro terminan dificultando el aprendizaje en las estructuras más modernas de la corteza, [▸65] entorpeciéndolo de alguna manera. En Finlandia, por ejemplo, el primer examen es a los dieciséis años, cuando el período crítico [▸91] es el adecuado para experimentar un poco de estrés.

Por supuesto, incluso lejos de Helsinki hay profesores maravillosos que hacen muy bien su trabajo, desde el jardín de infancia hasta la universidad.

Ellos son los que saben cómo hacer que sus enseñanzas sean interesantes, si no divertidas, incluso sin saber que ésta es la única manera de inducir nueva dopamina a la circulación, lo que favorece y fortalece las conexiones sinápticas.

Ellos son los que bajan del estrado y mantienen un contacto cercano con los estudiantes, lo que se dice que promueve en sus sistemas cerebrales la producción de acetilcolina, [▸33] el neuromodulador de la atención.

Ellos son los que aportan elementos de novedad a la clase (como cambiar la distribución del aula o utilizar alguna solución didáctica original) fomentando la difusión de la noradrenalina, [▸33] que favorece la atención y a la larga también el apego al estudio.

Y luego, por supuesto, en caso de que los alumnos se desmadren, siempre pueden recurrir a alguna dosis de adrenalina alzando la voz y amenazando con consecuencias.

Pero son ellos los que no ejercen la amenaza del hábito; de lo contrario, el cortisol lo arruinaría todo.

El problema principal es que debes tener la suerte de terminar en sus clases (o nacer en Finlandia).[1] Para resolver el dilema a nivel internacional, sería necesario al menos adaptar los diferentes sistemas educativos como mínimo a los principales descubrimientos de la neurociencia.

Si ya no estás en edad escolar, quizá estas observaciones pueden resultarle tediosas. Te recomendamos que cambies de opinión. El aprendizaje es la función más crucial del cerebro humano porque, aunque está culturalmente asociado a la juventud, potencialmente nunca se detiene.

---

1. En Finlandia, la escuela comienza a los siete años de edad; hasta los trece no hay tareas; antes de los dieciséis años no hay exámenes; los profesores son elegidos entre los mejores graduados, todos tienen un doctorado pagado por el Estado y un salario progresivo inicialmente bajo pero que aumenta bastante con los años.

¿Puedes aprender a tocar un instrumento musical a los sesenta años? ¿Y hablar un nuevo idioma a los setenta? [▸233] La respuesta es siempre sí. Sin embargo, mucho depende de lo que sucedió en los sesenta o setenta años anteriores. Cuanto más haya mejorado una persona las sinapsis y haya agregado mielina incluso después de sus años escolares, más fácil le resultará aprender. Cualquiera que haya practicado deporte toda su vida puede debutar en el golf cuando se retire, pero será más difícil para quien nunca ha movido un dedo. Del mismo modo, aquellos que están acostumbrados a leer mucho [▸233] encontrarán más fácil aprender estadística o portugués a los sesenta años de edad o más. Pero nada está excluido para nadie.

ON	OFF
Saber que se puede aprender a aprender.	Creer que el talento está predeterminado.
Esforzarse es hermoso: significa que el cerebro se está reorganizando.	Dejarse asustar por el esfuerzo.
Repetir es necesario: es una regla de juego de la memoria.	Olvidarse de que la memoria a largo plazo olvida.
Variar los intereses (para saber más) y también las rutinas.	Tener un número reducido de intereses.

7.4 IMAGINACIÓN

¿Qué tienen en común un arco, un arado, un ancla, un astrolabio y un avión? Todos son fruto de la creatividad humana, desde los tiempos de supervivencia hasta los del conocimiento. Pero, son sólo una pequeña parte —empezando por A— de una monumental creación de valor que se viene produciendo hace milenios. El hilo rojo que une las flechas envenenadas con los vuelos intercontinentales se llama imaginación.

Siempre que haya una fuerte motivación, que se pueda recurrir al conocimiento más amplio posible y que se le preste la debida atención, la imaginación ha tenido la función evolutiva de resolver problemas. ¿Cómo cazar a ese animal feroz sin acercarse demasiado? ¿Cómo mejorar la cosecha del próximo año? ¿Cómo evitar la deriva de un barco? ¿Cómo orientarse en mar abierto sin referencias de tierra? ¿Cómo cruzar los océanos de una punta a la otra? Y así sucesivamente, hasta la invención de las balsas, las azadas, las mochilas, las soperas y las mosquiteras.

Dondequiera que estés en este momento, tienes una percepción clara del entorno y de los eventos circundantes. Hagamos un experimento. Imagínate que de repente tres vaqueros del Far West, o quizá tres celebridades de la gran pantalla, se presenten frente a ti y trata de imaginar lo que sucederá en los siguientes treinta segundos.

¿Los vaqueros empiezan a disparar? ¿Julia Roberts se ha sentado a tu lado? Pase lo que pase, tu cerebro ha trazado una realidad paralela, generada por un pensamiento divergente, o la elección entre múltiples posibilidades alternativas. Créelo, ésta es una función asombrosa que ya llevas incorporada en tu cerebro. El ejemplo por excelencia es el de Albert Einstein que, desde lo alto de sus conocimientos, desde el fondo de una profunda curiosidad por lo desconocido y con una atención bien centrada en los problemas del universo, descubrió que el tiempo y el espacio son diferentes dimensiones del mismo continuo espacio-tiempo.

Pero también es un ejemplo impropio, porque da la idea de que la imaginación es exclusiva de los premios nobel, cuando está disponible para toda la humanidad. Es dibujar en la mente una forma alternativa de salir del tráfico. Es escribir un poema para cortejar a alguien. Es inventar una nueva receta de fusión culinaria. Pero también es la puerta a la creatividad, comúnmente definida como la producción de ideas originales que tienen un valor intrínseco. Al igual que el arco, el ancla y el arado.

En la sociedad postindustrial, la creatividad se ha elevado al rango de recurso económico fundamental. Según algunas estimaciones, la suma de las publicaciones, la publicidad, las artes, el diseño, la moda, el cine, la música, el entretenimiento y el *software* representó en 2011 alrededor del 3 % del PIB europeo, 500 000 millones de euros, con 6 millones de empleos. Desde entonces, ha crecido significativamente. Según sus hagiógrafos, la creatividad está destinada a jugar un papel cada vez más decisivo en la competencia económica global, porque el desafío moderno se juega –a veces incluso más que en el precio– en la fuerza y en la novedad de las ideas.

La llamada «economía del conocimiento» es la nueva industria ya no basada en la fuerza de los músculos o de las máquinas, sino en la del pensamiento divergente. Se la llama «del conocimiento» porque incluye patentes, secretos comerciales y conocimientos diversos, pero se la podría llamar «economía de la creatividad», porque el punto de partida y de llegada es en todo caso la creación de valor. Es difícil decir cuándo comenzó (¿mucho antes de la invención de la imprenta?), pero ciertamente todavía tiene mucho tiempo para expandirse, cambiar y aumentar su control sobre el mundo, ahora que la comunicación digital le ha permitido cruzar las barreras geográficas y temporales. Para ser claros, la economía del conocimiento es la razón por la que (en febrero de 2021) Google valía en Wall Street casi diez Ford, General Motors y Fiat Chrysler puestos juntos. En este primer vistazo al siglo XXI, la creatividad es el recurso económico más estratégico que existe. Así que tiene mucho sentido aprender a cultivarla.

Cualquier cerebro está equipado con un sistema integrado, formado por numerosas áreas diferentes que se activan cuando el usuario cambia la atención del mundo externo al interno. Descubierta en 2001, la *default mode network* (red de modo predeterminado), el modo *inicial* de los mecanismos cerebrales, es la base neuronal del pensamiento reflexivo, ya sea que se trate de uno mismo o de otros, de la memoria del pasado o de la predicción del futuro. Para ser exactos, está activo cuando deambulas con la mente, cuando sueñas despierto. Y, por tanto, también cuando utilizas la imaginación para elevarte a los niveles superiores de la creatividad.

La *red de modo predeterminado* incluye áreas numerosas y dispares del cerebro, pero que permanecen en estrecho contacto axonal [▶29] entre sí. Como siempre ocurre en las funciones ejecutivas más complejas, la corteza prefrontal [▶65] participa en gran medida en el mecanismo. Pero también están involucradas partes de la corteza cingulada (por encima del cuerpo calloso), los lóbulos temporal y parietal, así como los hipocampos. Tampoco se excluye que la red de modo predeterminado tenga que ver con la autopercepción y la conciencia. [▶136]

Como saben las personas acostumbradas a crear e inventar, ese estado mental particular conectado con la abstracción y el pensamiento divergente se alcanza a través de una concentración peculiar que abre las praderas de la imaginación. Es casi un *clic*, que activa el modo creativo del cerebro. En el libro *A mind for numbers*, Barbara Oakley, profesora de ingeniería en la Universidad de Oakland, lo llama «modalidad difusa». En pocas palabras, la modalidad difusa consiste en un pensamiento amplio, capaz de observar todos los aspectos de un problema y típicamente asociado con la red de modo predeterminado, en contraposición a la «modalidad focalizada», que es la atención racional y analítica de la corteza prefrontal. Ningún cerebro, ni siquiera el tuyo, es capaz de activar los dos sistemas al mismo tiempo.

Sobre cómo desarrollar la imaginación, las soluciones adoptadas hoy en día (incluso por empresas multinacionales) abundan y divergen, evidentemente porque no existe un modelo único de creatividad. Es legítimo que todos encuentren la fórmula que coincida con sus pasiones o inclinaciones, sólo debes saber que realmente se puede alimentar. Tal vez sea curioso arrastrar a un ejecutivo de cincuenta años a un *stage* de creatividad, cuando podría comenzar en un momento más adecuado: los primeros años de escuela. Los niños tienen esa predisposición natural a imaginar, que pueden tanto cultivar como abandonar a medida que crecen, sobre todo si se les anima o desalienta implícitamente a hacerlo.

«La creatividad consiste en conectar los puntos», dijo una vez Steve Jobs, el hombre que, sólo con el poder del pensamiento, creó Apple, la primera empresa del mundo en valor de mercado. «Si le preguntas a las personas creativas cómo imaginaron algo nuevo, las avergüenzas porque no hicieron nada especial, simplemente vieron cosas que otros no vieron».

Seguro que has conocido a gente más creativa que tú. Pero no te dejes desviar por eso. La imaginación es una parte integral de tu equipación cerebral. Imagínate cuántas cosas puede hacer con ella.

ON	OFF
Pensamiento divergente y convergente.	Pensamiento convergente.
Utilizar el eje motivación-atención-conocimiento.	Utilizar el eje desmotivación-desatención-ignorancia.
Creer que la creatividad se puede aumentar.	Creer que la creatividad está reservada sólo para aquellos que ya la poseen.
Aprender a encender el «modo creativo».	Ni siquiera intentarlo.

7.5 DECISION-MAKING

Lo más probable es que estés de acuerdo en que cada decisión importante se caracteriza por un cálculo racional de posibles alternativas. ¿Es así? Bueno, pues en realidad no.

Elliot era un hombre feliz y exitoso en general, un buen padre y un buen ejecutivo de negocios. Hasta que un tumor en uno de los lóbulos frontales lo obligó a operarse, y aquello terminó por cambiar su mundo interior. Se volvió distante de todo, incapaz de sentir la más mínima emoción, ni siquiera acerca de sí mismo. La historia de este paciente anónimo, contada por el neurocientífico portugués Antonio Damasio en el libro *El error de Descartes*, muestra que la emoción, la razón y el cerebro humano pueden provocar algo aún más dramático que eso. La interrupción del circuito emocional produjo en Elliot daños colaterales que nadie hubiera esperado: en lugar de ser perfectamente racional, lo hizo incapaz de tomar ninguna decisión. Para todo lo demás, su cerebro era completamente funcional e inteligente por encima del promedio, como siempre. Pero la aparente normalidad psicofísica, combinada con la total imposibilidad de elegir qué comer o con qué bolígrafo escribir una nota, lo condenó a perder a su esposa y el trabajo en poco tiempo. Gracias a él, hoy sabemos que las emociones no son un obstáculo para las decisiones, sino todo lo contrario.

Esto no es lo que la gente suele pensar. «Cuando decimos que alguien es demasiado emocional, generalmente implica que carece de juicio. En la cultura popular, los personajes más lógicos e inteligentes son los que son capaces de controlar sus emociones», observa Damasio en el prefacio de la segunda edición de su libro. La conclusión, por otro lado, es que la racionalidad necesita emocionalidad. De ahí el «error» de René Descartes: no es cierto que mente y cuerpo sean dualistas y separados.

Éste es un detalle relevante si piensas que la *decision-making* (el proceso de tomar una decisión) es la base de la vida diaria, la vida social y el sistema económico planetario. La llamada «neuroeconomía» estudia el comportamiento humano con el fin de maximizar las decisiones de compra de un producto, ponderando la racionalidad y la emocionalidad del consumidor. Eso es exactamente lo que deberías hacer tú también.

La procrastinación, las adicciones [▶201] y los falsos recuerdos [▶200] son manifestaciones del lado irracional e impulsivo del cerebro. Dado que el «sexto sentido» no existe (porque nunca ha habido nadie capaz de tomar decisiones correctas al 100%), la intuición, o la capacidad subliminal de tomar decisiones instantáneas incluso sin tener demasiada información, es objetivamente un recurso extraordinario. Especialmente cuando se necesita tomar una decisión rápida y no hay tiempo para pensar de manera lenta y reflexiva. Sin embargo, también es cierto que la elección «instintiva» a menudo puede ser inducida por un prejuicio cognitivo [▶198] disfrazado de intuición, que corre el riesgo de resultar completamente erróneo. El primero de los posibles prejuicios es creer que, si la intuición funcionó una vez, también funcionará la siguiente vez. Tal vez sí. Depende.

Las funciones ejecutivas de la toma de decisiones parecen residir en la corteza cingulada anterior (que se encuentra debajo de los lóbulos frontales), [▸64] la corteza orbitofrontal (justo detrás de los ojos) y la corteza prefrontal ventrocentral (nuevamente detrás). Pero es su densa conexión con otras partes de los cerebros primate, mamífero y reptil, [▸49] incluido el cerebelo, lo que ratifica anatómicamente la coexistencia de la racionalidad, la emocionalidad y la impulsividad. Y también su fluctuación en el tiempo.

Ni el razonamiento ni la intuición funcionan siempre bien. Además de por las emociones, están influenciados por la hora del día, por los alimentos introducidos en el organismo, por las horas de sueño realmente dormidas, por los hechos vividos poco antes y por las circunstancias contemporáneas. A modo de ejemplo, te desaconsejamos ir al supermercado a la hora del almuerzo: el hambre te empujaría a comprar alimentos que nunca te comerás.

En condiciones normales, cuanto más importante es la decisión, mejor es pensar en ella detenidamente. Un poco para mejorar la evaluación con más información y afinar el razonamiento, un poco para utilizar el momento fisiológico y psicológico óptimo: normalmente después de una noche de sueño. Esto no significa tejer el tapiz de Penélope para posponer eternamente una decisión. La conciencia de algún posible sesgo cognitivo (desde el estómago vacío hasta la creencia en la intuición) puede ayudar. Por ejemplo, si estás de acuerdo en que comprar con hambre es un inconveniente, puedes inventar algunos movimientos en contra: cambiar de horario, comer algo o ceñirte a la lista de productos decidida cuatro horas antes y con el estómago lleno. La racionalidad es todo menos opcional. Se utiliza en la vida diaria. Basta ya con esa historia del *Homo oeconomicus* perfectamente racional en sus elecciones, uno de los fundamentos de la economía clásica, porque, lamentablemente, eso no es cierto.

La *decision-making*, junto con su hermana, la *problem-solving* (encontrar la solución a un problema), necesita tener detrás motivación, atención, conocimiento e imaginación para que funcione bien. Obviamente, hay problemas de por medio, y las encrucijadas con las que uno se encuentra a lo largo de la vida pueden resultar cruciales para encontrar el camino hacia la felicidad cerebral, o lo contrario.

Una elección puede resultar errónea con el tiempo o simplemente brillante. Puede ser buena o mala y no hay culpa para el razonamiento o la emotividad. Los errores sirven para aprender y empezar de nuevo. Por eso los humanos pueden volverse realmente más sabios a medida que pasan los años. De hecho, la sabiduría es una de las últimas palancas de tu panel de control.

ON	OFF
Saber que las decisiones están influenciadas por las emociones.	Creer que lo tienes todo racionalmente bajo control.
Elegir si confiar en la intuición o no y cuándo hacerlo.	Confiar completamente en la intuición.
Si es posible, elegir el momento adecuado para elegir mejor.	Posponer el momento de elegir para no elegir.
Reconocer los propios sesgos cognitivos y sopesarlos.	¿Sesgos? ¿Qué sesgos?

7.6 CONTROL COGNITIVO

El malvavisco no es exactamente un postre atractivo. Fabricado industrialmente en Estados Unidos desde el *boom* de la posguerra, está elaborado con raíz de *Althaea officinalis* (también utilizada para este fin por los antiguos egipcios), azúcar, huevos y gelatina. Parece un cilindro de goma, definitivamente menos atractivo que una chocolatina. Sin embargo, entró en la historia de la psicología ya desde los años sesenta, cuando en la Universidad de Stanford se les metió en la cabeza hacer un curioso experimento.

Un grupo de niños de entre cuatro y cinco años de edad están sentados a una mesa en cuya superficie hay un malvavisco para cada uno de ellos. «Quedaos aquí», les dice el investigador, «volveré en quince minutos. Si lográis no comeros este malvavisco, os daré otro más cuando vuelva. ¿De acuerdo?» Y se va. El vídeo muestra a los niños y niñas contemplando el dulce con adoración, tratando de resistir la tentación de llevárselo a la boca, y es muy divertido. Ese vídeo abrió los ojos del mundo a la gratificación diferida, la habilidad exquisitamente humana de poder renunciar a una recompensa de dopamina [▸33] a cambio de una más grande pero retrasada en el tiempo.

Curiosamente, los investigadores de Stanford siguieron rastreando a esos niños a lo largo del tiempo en busca de correlaciones estadísticas significativas. Aquellos que se habían resistido al atractivo de los malvaviscos cuando eran niños (a menudo con soluciones ingeniosas, como esconderse debajo de la mesa para no verlos) lograron una educación superior y un índice de masa corpórea más bajo cuando fueron adultos. Es decir, a lo largo de los años supieron ejercitar un control sobre la tentación de no estudiar y de acabarse toda la tarta de chocolate.

La gratificación diferida es una de las propiedades más destacadas del control cognitivo, el proceso mediante el cual la conducta se reajusta continuamente de acuerdo con las metas y las circunstancias. O, por decirlo al revés, el proceso por el cual las metas y proyectos personales influyen en el comportamiento.

Evidentemente conectado con el concepto de conciencia o libre albedrío, el control cognitivo comienza a desarrollarse alrededor de los cuatro años y aumenta hasta la adolescencia. Alrededor de los dieciséis años de edad, hay un pico de impulsividad y es después de los veinte cuando se consolida para mantenerse estable en la edad adulta. Después de los setenta, comienza a declinar. Funciones importantes como la atención, la memoria de trabajo o la gestión de las emociones dependen en gran medida del control cognitivo, cuyo mal funcionamiento está vinculado a numerosos trastornos neuropsiquiátricos. [▸208]

Muy cerca de la gratificación diferida, existe la gestión inhibitoria o la capacidad del cerebro para contener los impulsos en respuesta a un propósito divergente. El ejemplo clásico es evitar enviar al infierno a alguien de lo más alto de la jerarquía para seguir recibiendo el cheque del sueldo a final del mes. Los hábitos y las adicciones también son ejemplos de una gestión inhibitoria interrumpida o defectuosa, así como la tendencia a perder los estribos con facilidad o a sentirse abrumado fácilmente por las emociones, sean buenas o malas. El grado de neuroticismo se considera un rasgo de la personalidad, [▸156] pero, siempre que no existan disfunciones, no hay obstáculos frente al cambio o a la simple atenuación de sus efectos no deseados.

Otra función inhibidora importante es la supresión de pensamientos irrelevantes. Como sabes, tu cerebro puede producir los pensamientos más extraños, desde divertidos hasta dramáticos. Y también puede dejarse llevar por otros pensamientos muy cómicos o verdaderamente macabros. Saber decir basta y poder eliminarlos a voluntad es realmente muy útil para el bienestar psicofísico de un usuario como tú. Los estados de ansiedad suelen estar conectados a un círculo vicioso de pensamientos (no siempre irrelevantes, como los que se experimentan después de un duelo o de un trauma) que no se consigue detener.

No por casualidad, también nos complace agregar el control del estrés a la lista. Si bien un bajo grado de estrés es útil en ciertas funciones cognitivas, el estrés severo y muy prolongado tiene efectos tóxicos en el cuerpo y el cerebro. Debe evitarse a toda costa. Sí, pero ¿cómo?

Este manual se aventura a resumir el cerebro, lo más complejo que hay, pero pensar en resumir lo que entra en los miles de millones de neuronas de los más de 7 000 millones de seres humanos del planeta sería demasiado. El control cognitivo, en ese pozo crepitante de potenciales de acción, es incluso más complejo que el cerebro mismo. La maravillosa diversidad de la especie humana se expresa en una ola de acciones y reacciones, de percepciones e ilusiones, de esperanzas y decepciones, que oscila en el tiempo entre altibajos.

Descubrimientos como la plasticidad neuronal, [▸81] intuiciones como la *growth mindset*, [▸84] resultados experimentales como los de la psicología positiva [▸132] anulan colectivamente la antigua visión fatalista de un cerebro estático e inmutable. No hay un destino prescrito; uno no es un esclavo de su carácter y, en realidad, ni siquiera de sus circunstancias. Después de eso, cada cerebro tiene que mover las palancas de su propio control cognitivo. Es cierto que es bueno entrenar la gratificación diferida desde una edad temprana (como explica el libro de Asha Phillips, *Decir no: por qué es tan importante poner límites a los hijos*, porque esos «noes» ayudan a crecer), pero también se puede aprender cuando se es mayor. La gestión inhibitoria no sólo es útil para evitar el despido, sino para toda la gama de actividades sociales y relacionales. A la sociedad, por ejemplo, no le gustan los cerebros que pierden la paciencia con facilidad. Los pensamientos irrelevantes pueden dificultar la concentración, el aprendizaje, el estudio y el trabajo; y si también están ansiosos, pueden contribuir a la depresión. Por lo general, este tipo de control se aprende en la época juvenil del desarrollo del cerebro, pero con un poco de esfuerzo y práctica también se aprende en la edad adulta. Además, saber reconocer el estrés crónico y hacer lo que sea necesario para aliviarlo contribuye a la integridad del sistema cognitivo en general.

Aquellos niños que no pudieron resistir la tentación de los malvaviscos se volvieron más gordos y menos cultos cuarenta años después. Pero en esos cuarenta años podrían haber cambiado de camino y dirección si tan sólo hubieran sabido que se puede hacer.

Llegados a este punto, tu cerebro no tiene más excusas.

ON	OFF
Aprender a aplazar las recompensas.	Mejor un huevo hoy que una gallina mañana.
Aprender a controlar los impulsos.	«Eres un verdadero capull...»
Aprender a reprimir pensamientos irrelevantes o ansiosos.	El doloroso placer de rumiar.
Aprender a controlar el estrés crónico.	Estrés a gogó.

8.0 MODELOS

Los cerebros se producen en dos versiones posibles. El Modelo F® (hembra), que es el básico, y el Modelo M® (macho), que requiere una serie de ajustes durante la fase de construcción.

No es posible reservar la versión deseada. La razón radica en el método de montaje, desencadenado por un fenómeno que podría definirse casual.

La unión de un óvulo femenino con un solo espermatozoide reúne la mitad de la herencia genética de la madre con la mitad de la del padre. En el lado materno, el vigésimo tercer par de cromosomas (el dedicado a la sexualidad) está formado por una pareja XX y por lo tanto el óvulo siempre aportará una X. En el lado paterno, sin embargo, la pareja cromosómica es XY, y el esperma puede aportar una cualquiera de las dos. Si la carrera hacia la concepción la gana un espermatozoide con la Y, el nuevo cerebro se producirá en la versión masculina. Si gana uno con X, el cerebro será femenino. Ana Bolena, que fue asesinada por Enrique VIII por no darle herederos varones, al menos merecería una disculpa.

Para confirmar que el Modelo F® es siempre el básico, en las primeras ocho semanas de ensamblaje (también llamado «gestación»), todos los cerebros son femeninamente iguales. A partir de ese momento, sin embargo, en los cerebros M un aumento de testosterona desencadena una secuencia de pequeñas y radicales reformas estructurales que completarán, después de otras treinta semanas de ensamblaje, un nuevo cerebro M, asociado a un cuerpo en perfecto funcionamiento y finalmente con la capacidad de vivir su propia vida. Pero eso no es todo. Durante todo el proceso de ensamblaje, el cerebro está conectado directamente con la fábrica biológica materna, con la que comparte sangre, nutrientes y hormonas. Éstas últimas son capaces de influir en la construcción del cerebro con características propias del Modelo F® o del Modelo M®, mezclando las cartas de alguna manera. Esto es probablemente a lo que se refieren los cerebros F cuando hablan de su «lado masculino», o los cerebros M de su «lado femenino».

Ahora es un hecho establecido que los genes, las hormonas y la estructura del cerebro contribuyen a la orientación sexual, que puede ser heterosexual, homo, bi o incluso asexual. Nadie ha encontrado nunca un gen homosexual y finalmente la sociedad occidental está dejando atrás (aún no ha terminado) siglos de homofobia. Sin embargo, a estas alturas, partiendo de los estudios de gemelos y de las exploraciones de resonancia magnética funcional, está claro que cada cerebro elige por sí mismo la orientación que desea: un cerebro homosexual tiende a poseer algunas características similares a los cerebros del sexo opuesto. No es de sorprender que la antigua y espantosa costumbre de obligar a una persona a cambiar de orientación sexual de forma coercitiva haya provocado un enorme sufrimiento sin ningún «éxito».

Por todo ello, hay quienes argumentan que en realidad no son dos versiones distintas, sino una sola con características cruzadas. El cerebro es el cerebro. Sin embargo, el funcionamiento operativo de los dos modelos cerebrales diverge rotundamente. Compararlos puede resultar interesante, también gracias a su carga humorística inherente.

8.1 COMPARACIÓN DEL MODELO F®
Y EL MODELO M®

Nadie espera que la leona se comporte como el león. Ni siquiera el gallo como la gallina. Imagínate entonces lo complicado que puede ser todo acerca de una mujer y un hombre. El comportamiento de la especie humana es tan dimórfico (del griego *dímorphos*, «que tiene dos formas») que durante mucho tiempo se pensó que las arquitecturas cerebrales también lo eran. Lo paradójico es que apenas lo son. Por cada estudio que propone una divergencia entre los dos modelos, hay otro que afirma lo contrario. Las diferencias existen, pero no son tan perentorias como sugerirían sus respectivos comportamientos.

En las tablas que siguen presentamos las ideas más consolidadas sobre el dimorfismo de la especie humana, que no deben interpretarse en un sentido absoluto, sino como factores de prevalencia en distribuciones estadísticas, donde en ocasiones la diferencia entre los dos modelos cerebrales es, como mínimo, insignificante.

MODELO F® (XX)	MODELO M® (XY)
El cromosoma X contiene aproximadamente 1500 genes que codifican proteínas que son esenciales, incluso para el desarrollo del cerebro. Teniendo dos X, el Modelo F® tiene una copia de seguridad.	El cromosoma Y (no por casualidad considerado un «desierto genético») contiene menos de 200 genes, y de éstos, sólo 72 codifican proteínas. El Modelo M® tiene sólo una X, sin copia de seguridad.
Cerebro más eficiente (consume proporcionalmente menos glucosa).	Cerebro en promedio un 10 % más grande (en proporción al cuerpo).
Corteza cerebral más gruesa, tálamos más grandes.	Amígdalas, hipocampos, cuerpo estriado y putamen más grandes.
Cuerpo calloso estructuralmente más complejo.	Cuerpo calloso estructuralmente más grande.
Más conexiones interhemisféricas (entre hemisferios), que, según algunos, facilitan la comunicación entre el pensamiento analítico e intuitivo.	Más conexiones intrahemisféricas (en los hemisferios), que, según algunos, facilitan la comunicación entre percepción y acción.

Al contrario de lo que se ha creído durante mucho tiempo, los dos sistemas cognitivos no presentan diferencias significativas. Y al contrario de lo que se ha considerado durante mucho tiempo, tampoco los test de inteligencia: los Modelos F® estuvieron ligeramente por debajo de la media M en pruebas en las que se sentían inferiores con respecto a los hombres. Una vez que se elimina el sesgo, no hay diferencia.

Los comportamientos, por otro lado, son claramente diferentes y comienzan a diferenciarse a una edad temprana. Pero aquí surge la pregunta habitual: ¿importa más la naturaleza o la cultura? ¿La niña prefiere la muñeca y el niño el camión porque está determinado por sus genes (y sus respectivas hormonas) o porque ambos aprenden a comportarse según el camino habitual de imitación y recompensa? Todo apunta a que prevalece la naturaleza, pero la cultura tampoco es una broma.

MODELO F® (XX)	MODELO M® (XY)
Prevalencia en habilidades lingüísticas (habla mucho).	Prevalencia en habilidades matemáticas (habla menos).
Bate al Modelo M® en percepción de las emociones de otras personas (empatía, relaciones sociales).	Bate al Modelo F® en habilidades de navegación espacio-temporal (orientación).
Experiencias emocionales más fuertes, memoria emocional más sólida.	Sobreestimación de las propias habilidades.
El estrés (en un examen, por ejemplo) reduce su rendimiento.	Una cierta cantidad de estrés tiende a aumentar su rendimiento.
Control del comportamiento.	Inclinación a asumir riesgos.
Con las amigas mantiene contacto visual y confrontación cara a cara.	Con los amigos no mira a los ojos y permanece en una posición lateral o en ángulo.
Recientes transformaciones sociales le han agregado la posibilidad de ejercer de consejero delegado, servir en el ejército y ser más emprendedor sexualmente.	Recientes transformaciones sociales le han agregado la posibilidad de coger la baja por paternidad, llorar en el cine y utilizar productos cosméticos.

El pavo real macho, con su abanico multicolor, es mucho más vistoso (y torpe) que la hembra. El mandril macho es tres veces más grande que su compañera. Estos dimorfismos, como todos los dimorfismos sexuales del mundo, tienen una función evolutiva precisa: llegar al dormitorio.

No es casualidad que, precisamente, cuando se habla de sexo y de sus influencias ancestrales, las «prevalencias» entre los dos modelos acaben por asemejarse cada vez más a los estereotipos de las revistas femeninas («Aquí tienes diez consejos eficaces para reconquistarlo») y también masculinas («Siete cosas que tienes que decirle para volverla loca en la cama»).

MODELO F® (XX)	MODELO M® (XY)
Piensa en el sexo con moderación, excepto durante la ovulación, cuando (quizá en un nivel subliminal) se expone más.	Piensa en el sexo sin moderación, varias veces al día, todos los días. Si no lo confiesa, miente.
Concibe el sexo como un medio (evolutivamente, una relación estable es funcional para la supervivencia de la descendencia).	Concibe el sexo como un fin (evolutivamente, el desprendimiento de genes es funcional para la continuación de la especie).
Al elegir una pareja, el estatus es más importante que la apariencia física.	Al elegir una pareja, la apariencia física es más importante que el estatus.
Cuanto mayor es su sentido de autoestima, menor es su propensión a la promiscuidad.	Cuanto mayor es su sentido de autoestima, mayor es su propensión a la promiscuidad.
En caso de celos, considera más grave la «traición emocional» (que compromete la relación).	En caso de celos, considera más grave la «traición física» (que compromete la certeza de la paternidad).

MODELO F® (XX)	MODELO M® (XY)
En la fase amorosa, predominio de la dopamina, el estrógeno y la oxitocina.	En la fase amorosa, predominio de la dopamina, la testosterona y la vasopresina.
«¿De qué sirve el orgasmo en las mujeres?», se han preguntado muchos (cerebros M) en el pasado. En realidad, la experiencia sexual femenina parece ser cualitativamente superior y más «variada».	Creía (¿o cree?) que su orgasmo es el centro del mundo.
Puede ser psicológicamente forzada a simularlo.	Puede ser psicohidráulicamente forzado a renunciar.

Las diferencias entre los dos genomas (comenzando por los cromosomas X e Y) y entre los respectivos sistemas hormonales también contribuyen a exponer los dos modelos cerebrales a diferentes patologías prevalentes. El futuro sueño de la medicina personalizada comenzará a hacerse realidad sólo cuando la ciencia médica finalmente pueda formular y dosificar terapias específicas para cada uno de los dos modelos.

MODELO F® (XX)	MODELO M® (XY)
Depresión, ansiedad.	Autismo, esquizofrenia.
Compras (hay quienes dicen que se inclina por el juego, pero en realidad lo hace en mucha menor medida que el otro modelo).	Alcohol, drogas, juegos de azar.
El síndrome premenstrual implica 200 *posibles* síntomas físicos y emocionales diferentes que pueden durar 6 días y cambiar temporalmente la visión del mundo.	Incapacidad estructural para comprender que el síndrome premenstrual puede repetirse regularmente en los modelos F® cada 28 días.
No padece hemofilia, distrofia de Duchenne y (casi nunca) daltonismo.	No sufre de síndrome de Rett.

MODELO F® (XX)	MODELO M® (XY)
El «sexo débil» tiene un umbral de dolor más alto.	El «sexo fuerte» no soportaría el dolor del parto.

La lista de diferencias entre los dos modelos podría seguir y seguir. En aras de la brevedad, agreguemos sólo cinco más.

MODELO F® (XX)	MODELO M® (XY)
El 95 % de las personas mayores de cien años son mujeres.	El 5 % de las personas mayores de cien años son hombres.
Comenzaron a votar mucho más tarde.	En promedio, gana más.
El feminismo es políticamente correcto.	El machismo es políticamente incorrecto.
En algunos casos, es posible que no acepte la multa.	En algunos casos, es posible que no asuma la responsabilidad.
Siempre se pregunta: «¿Por qué un hombre no piensa como una mujer?».	Siempre se pregunta: «¿Por qué una mujer no piensa como un hombre?».

9.0 PROBLEMAS COMUNES

La drapetomanía es una enfermedad mental que conlleva terribles consecuencias. Descubierta a mediados del siglo XIX por el cirujano estadounidense Samuel Cartwright –quien escribió un tratado al respecto–, fue considerada un trastorno de personalidad inexplicable: incitaba a los esclavos a huir.

Si casi dos siglos después podemos reírnos de esta enfermedad inventada desde cero, no se puede hacer lo mismo con otras enfermedades imaginarias como la homosexualidad, que permaneció dramáticamente en la lista de trastornos mentales hasta el más reciente 1973.[1] A lo largo de los siglos, todo ese enorme abanico de «anomalías», que van desde el estrés crónico hasta la destructividad del alzhéimer, siempre ha estado sujeto a algún estigma. Podías ser el tonto del pueblo, el loco al que encerrar o la bruja a la que quemar. Hoy en día puedes ser excluido porque estás crónicamente deprimido o sentirte compadecido por ser autista.

No, el cerebro definitivamente no es perfecto. La evolución ha agrupado, duplicado y agregado estructura tras estructura, a veces acumu-

---

1. En 1973, la American Psychiatric Association votó por mayoría para eliminar la homosexualidad del DSM (el Diagnostic and Statistical Manual of Mental Disorders), pero no fue eliminada hasta 1987. En cambio, el ICD (International Classification of Diseases), la clasificación de todas las enfermedades, no sólo mentales, editada por la Organización Mundial de la Salud y utilizada en el resto del mundo, la eliminó en 1992.

lando imperfecciones. Pero hay mucho más. La información genética escrita en cada neurona puede haberte predispuesto a una enfermedad de la mente. Predispuesto no significa predestinado: los estudios sobre esquizofrenia de gemelos monocigóticos (genoma 100 % idéntico) muestran que las posibilidades de que el otro gemelo se vea afectado son sólo del 50 %. Los genes juegan un papel colosal, pero no son el destino.

Además, el cerebro puede ser víctima de un trauma que, dependiendo del área cerebral afectada, produce efectos impredecibles, incluido el cambio de personalidad. Puedes ser víctima de un trauma psicológico tan fuerte que transforme por completo tu visión de ti mismo y del mundo, o –y esto tampoco tiene explicación– que no te importe en absoluto.

En este mundo, no hay dos depresiones iguales. No existe fobia, adicción o trastorno que produzca exactamente los mismos efectos en dos seres humanos diferentes. Quizá ni siquiera en los síndromes neurodegenerativos, que más o menos siguen los cursos descritos por el doctor Parkinson (1817) y por el doctor Alzheimer (1906), haya dos casos clínicos idénticos. Por no hablar del autismo, para el que se adoptó el término «trastorno del espectro autista», precisamente para enfatizar que no es un color, sino una paleta entera.

Puedes padecer depresión crónica y vivir con normalidad o, por el contrario, estar totalmente devastado por ella. Puedes tener una forma de esquizofrenia sin tener que escuchar voces que no existen. Puedes ser levemente adicto al juego, a las compras e incluso a la heroína, o estar enganchado de una manera totalmente destructiva. Como si eso no fuera suficiente, la línea divisoria entre el trastorno mental y la «normalidad» es tan incierta y borrosa que la normalidad necesita entrecomillarse. ¿Tú cómo definirías «normal»?

Si diéramos por válida la investigación británica que estima que hay una persona con un trastorno mental (incluso uno mínimo) por cada cuatro habitantes, de los 7 500 millones de cerebros que deambulan por el planeta, alrededor de 1 800 millones –tantos ciudadanos como los de Europa y China juntos– tendrían un problema. Pero no lo damos por válido.

Es demasiado difícil definir las categorías y quiénes pertenecen a ellas; no tiene sentido aplicar el promedio de un solo país a todo el mundo, sin mencionar que algunos trastornos son más frecuentes en Occidente que en Asia o en África. Pero un hecho es innegable: los problemas mentales y cerebrales son más comunes de lo que parecen.

Te presentamos una selección de categorías (lejos de ser una lista completa) sólo para informarte sobre los problemas más comunes que experimentan cerebros como el tuyo. Se divide en dos partes, aunque sólo sea para mantener bien separados los errores de cálculo que puede cometer un cerebro, como en el caso casi siempre inofensivo de la sinestesia, de las disfunciones reales que conducen a una miríada de posibles trastornos que requieren atención por parte de profesionales especializados.

9.1 ERRORES DE CÁLCULO

La distracción es un error de cálculo trivial, pero en la carretera puede ser fatal. Las ilusiones ópticas son un error de cálculo, pero ciertamente menos insidiosas que las alucinaciones. Incluso la ilusión de algo que no existe es un error de cálculo, como no tener una extremidad o vivir en un mundo donde todos conspiran en secreto contra ti.

Los extremos de la personalidad también podrían estar inscritos en los errores de cálculo, como el narcisismo («Soy un dios») y el nihilismo («No soy nada»). O como la psicopatía, un «trastorno de personalidad antisocial», que se caracteriza principalmente por una pobre empatía, un egocentrismo abundante y cero remordimientos.

Hay quienes no temen practicar la escalada libre y quienes utilizan mascarilla porque les aterrorizan los microbios. Están los que viven sólo para divertirse la noche del sábado, yendo de una fiesta a otra, y los que sufren de antropofobia, el «miedo al hombre», una forma de timidez extrema y patológica. Hay quienes aman viajar en avión y anhelan acumular los famosos diez millones de millas (como George Clooney en la película *Up in the Air*), y quienes tienen tanto miedo a volar que lloran y tiemblan durante todo el vuelo intercontinental (como en el vuelo Sydney-Dubai de hace unos cuantos años).

La inmensa variabilidad de los errores de cálculo se esconde en la inmensa variabilidad del cerebro *sapiens*. No todos son un «trastorno», no todos son el destino, pero en algunos casos pueden llegar a ser terribles. Los presentamos en (presunto) orden de gravedad.

9.1.1 Sinestesia

¿Qué tenían en común Franz Liszt, Wassily Kandinsky y Duke Ellington? Los tres eran sinestésicos. En su cerebro, las percepciones de un canal sensorial (escuchar sonidos) desencadenaban la activación de otro sentido (ver colores).

Pero las variaciones sobre el tema de la sinestesia –del griego *syn*, «unión» y *aisthanesthai*, «percibir», «percibir juntos»– son tan numerosas como las de Liszt. Hay quienes se sienten conmovidos cuando ven tocar a otra persona. Hay quienes experimentan sensaciones gustativas cuando escuchan ciertas palabras, como la palabra «aventura», que sabe un poco a frambuesa. Hay quienes asocian letras, números, nombres de días y meses con identidades antropomórficas, como los jueves, que son masculinos, con sobrepeso e irritables. Hay quienes tienen sinestesia auditiva-táctil, es decir, sienten señales físicas en respuesta a los sonidos. Y así sucesivamente, con docenas de otras posibles mezclas sensoriales.

Gracias a YouTube, muchas personas han descubierto que tienen una capacidad que podría caer dentro de los límites de la sinestesia. Se llama ASMR (*autonomous sensory meridian response*, o «respuesta autónoma de los meridianos sensoriales») y produce una extraña pero agradable sensación física en la nuca en respuesta a dos posibles fenómenos: escuchar una voz susurrante o ligeros ruidos de roce, o, por extraño que parezca, la visión de otra persona haciendo un trabajo de precisión con las manos.

La sinestesia es en su mayor parte agradable y aparentemente funcional para la producción artística. A veces, sin embargo, puede ser una tortura. Éste es el caso de la variante llamada misofonía: en respuesta a sonidos o ruidos específicos, se experimenta miedo, odio y asco.

Según algunos, la sinestesia podría derivarse de la falta de «poda» de algunas conexiones neuronales durante la infancia, con el resultado de que algunas vías sensoriales se comunican demasiado entre sí.

9.1.2 Placebo y nocebo

El cerebro puede creer –e incluso recuperarse– cuando se dice a sí mismo que las cosas no están tan mal. [▸138] Pero ¿es realmente tan fácil engañar a un sistema nervioso central? ¿Es posible que el centro de la inteligencia, que por otro lado también es el mismo que el de la duda o el de la sospecha, sea tan fácilmente burlado? Si en tu círculo de amigos hay un estafador profesional y un cirujano, intenta preguntarles. Ambos responderán que sí. Pero debes saber que las historias más sorprendentes serán las del médico.

Los médicos sabían desde hacía siglos que los síntomas de una patología se pueden aliviar haciendo creer al paciente que está en tratamiento, pero sólo en el siglo XVIII este extraño efecto psicológico fue bautizado como «placebo», del latín «me gustará». El fenómeno, que ha sido probado con medicamentos falsos e incluso con cirugía simulada, es fundamentalmente un misterio. Sabemos que puede involucrar neurotransmisores y que puede activar diferentes áreas del cerebro, desde la estratégica corteza prefrontal hasta las amígdalas emocionales. [▸57] Pero también sabemos que no funciona con todos los pacientes, sino sólo con algunos. Se sospecha que la diferencia entre los dos grupos tiene raíces genéticas, aunque no hay evidencia concluyente de esto.

Además, este tipo de truco psicológico que engaña alegremente al cerebro, no sólo con una pastilla, sino con todo un ceremonial oficiado por batas blancas, sirve para aliviar los síntomas de una enfermedad, pero rara vez para curarla. Cuando funciona, lo hace tan bien que incluso puede tener el efecto contrario: engañar miserablemente al cerebro. Entre los pacientes que creen que su medicamento tiene efectos nocivos para la salud en sus cuerpos, algunos realmente se sentirán mal. Éste es otro ejemplo de un error de cálculo que puede cometer el cerebro. Lo llaman nocebo, «me hará daño». Es la curiosa otra cara de una moneda extraña.

9.1.3 Sesgos cognitivos

La teoría económica concibe al ser humano como un agente totalmente racional interesado en maximizar su propio beneficio, el llamado *Homo oeconomicus*. Lástima que esta idea de racionalidad sea un concepto poco infundado, porque los dos mecanismos del pensamiento, por encima y por debajo del umbral de la conciencia, [▶136] logran barajar las cartas. Esto no quiere decir que el cerebro reptil sea irracional, o al menos no necesariamente. Significa que incluso en las creencias, los pensamientos y los comportamientos más racionales, tú puedes ser víctima de una larga serie de posibles sesgos cognitivos. Tan larga que cuestiona seriamente esa historia del razonamiento. No es casualidad que naciera un nuevo campo interdisciplinario, la neuroeconomía, que estudia el iceberg de los procesos de toma de decisiones, donde la parte *visible* y consciente, la que aparentemente selecciona las alternativas que se eligen, es sólo la parte más pequeña que emerge del agua.

Te presentamos una docena de estos errores de cálculo cognitivo (sólo una fracción de los descritos por los psicólogos), asumiendo que en tu vida ya te has encontrado con algunos de ellos.

Apofenia. Así como el sistema visual está especializado en encontrar patrones en todo lo que proviene de las retinas, [▶133] la corteza deduce la presencia de patrones articulados en eventos completamente aleatorios, como las extracciones de las bolas de la lotería o cualquier tipo de adivinación, desde las hojas de té hasta las cartas del tarot.

Falacia del apostador. Similar a la apofenia. Consiste en creer que, dado que sale «cara» cinco veces seguidas, la próxima vez es más probable que salga «cruz». Las matemáticas no están de acuerdo: las probabilidades son 50/50 en cada lanzamiento.

Efecto caravana. La tendencia a creer en algo porque muchos otros lo creen. Todos los casos más desagradables de locura masiva registrados en la historia han incorporado este error de cálculo común.

Sesgo retrospectivo. Eventos pasados que de repente parecen predecibles: «Lo sabía», piensas. Es una tontería, pero todos los que compran y venden acciones en la bolsa conocen bien el efecto y difícilmente lo abandonan.

Sesgo de confirmación. Cualquier nueva información, incluso si es falsa o contraria, confirma creencias anteriores y obviamente refuta las opuestas. Es más común en creencias establecidas, como la religión, la política o la fe deportiva.

Declinismo o retrospección idílica. La clara sensación de que todo está peor de como estaba antes, en una espiral de pesimismo. Es obvio que en la vida puede pasar. Pero *todo* y *siempre* es un poco improbable.

Sesgo de anclaje. La primera información que se percibe se convierte en el ancla del razonamiento posterior. Un truco utilizado por los vendedores de coches es que primero suben mucho el precio de un automóvil usado, y luego cualquier otro modelo a un precio más bajo le parece una ganga al comprador.

Sesgo conservador. Cuando la novedad se ve con sospecha y se subestima en comparación con creencias anteriores.

Efecto novedad. Toda nueva información, ya sea extraña, divertida o de fuerte impacto visual, tiene una prioridad en los mecanismos cognitivos, mientras que todas las informaciones esperadas y «normales» pasan a un segundo plano. Al final del telediario, la huelga de los obreros metalúrgicos produce menos impresión que ese tipo que le tiró un pastel a la cara a la reina.

Sesgo de estereotipo. Dado que el sistema de memoria se basa en asociaciones y categorizaciones, cuando el cerebro sólo tiene información parcial, la completa automáticamente utilizando las categorías asociadas. [▶200] *Voilà*, he aquí el estereotipo.

Ilusión de transparencia. Es cierto que, gracias a los mecanismos de la empatía, [▶141] un cerebro es capaz de percibir el estado mental del otro. Pero de eso a saber lo que realmente piensa, hay un buen trecho. Si conoces los pensamientos de los demás, lamentamos informarte que es una ilusión.

Sesgo del ángulo ciego (*Bias blind spot*). Si descubres que todos estos prejuicios afectan a la forma de pensar de tus amigos, colegas o familiares más que a ti, debes saber que eso es un prejuicio.

9.1.4 Falsos recuerdos

«La inteligencia es la esposa, la imaginación es la amante y la memoria es la sirvienta». El chiste de Victor Hugo, decimonónico y del todo políticamente incorrecto, ve la inteligencia como una propiedad que hay que preservar, la imaginación como una escapada y la memoria como un deber. Lástima que sea un servicio que no es demasiado fiable.

La memoria es reconstructiva, no reproductiva. En palabras más simples, no es como una videograbadora que reproduce los fotogramas filmados, sino como un trabajador de un almacén que tiene que reconstruir todas las piezas de un evento, unidas por asociaciones mentales en cadena. Cada vez que es reclamado, cada recuerdo ya corre el riesgo de ser ligeramente erróneo, y a esos errores se le añadirán otros la próxima vez. En algunos casos, puede dejar de ser un recuerdo fiable.

Una plétora de experimentos y estudios psicológicos han demostrado sin lugar a dudas que los recuerdos son débiles, que se deterioran, que pueden alterarse desde el exterior e incluso implantarse desde cero con bastante facilidad. Lo que plantea al menos tres cuestiones. Para empezar, Elizabeth Loftus, una famosa estudiosa de los falsos recuerdos, afirma que en los Estados Unidos más de trescientos convictos han sido liberados después de décadas gracias a pruebas de ADN: de éstos, tres cuartas partes habían sido condenados debido a que al menos un testigo tenía un recuerdo defectuoso. Segundo: las *fake news*, las noticias falsas difundidas a través de Internet, se han convertido en un fenómeno desenfrenado desde 2016, cerebralmente facilitadas por la colección de recuerdos de «rumores» y por una gran cantidad de prejuicios cognitivos. Tercero: es una propiedad muy útil para el líder de un régimen totalitario que está acostumbrado a implantar recuerdos falsos en la gente, como ocurre en la Corea del Norte del siglo XXI.

En la escala de la gravedad patológica, también hay un síndrome del falso recuerdo que lleva consigo todos los síntomas de la experiencia traumática, aunque es completamente imaginario. Según el profesor Loftus, a menudo se asocia con terapias basadas en la recuperación de recuerdos pasados.

9.1.5 Hábitos y adicciones

¡Qué invento, el hábito! Se utiliza para conducir el coche sin tener que volver a aprender a hacerlo cada vez. Sirve para evitar las caries porque, en cuanto se instala, surge automáticamente la necesidad de cepillarse los dientes. En definitiva, también sirve para vivir mucho tiempo, ya que se puede forjar el hábito de hacer ejercicio, beber mucha agua o no meterse en líos.

Al preparar el módulo, hace ya muchos millones de años, la evolución ha combinado las estructuras y funciones de tres sistemas existentes: el de aprendizaje (en particular el condicionamiento), el de la memoria (el mecanismo de asociación) y el de recompensa (la fuente dopaminérgica de la motivación). Evidentemente, el conjunto ha evolucionado a lo largo de los siglos para proporcionarles un servicio integrado y rápido, compatible con su versión del sistema *sapiens*. [▶21]

¡Qué maldición, el hábito! En algunos casos, incita a las personas cada vez que ven la televisión a comer incluso sin el estímulo del hambre. Obliga a fumar inmediatamente después de un café el enésimo cigarrillo incluso sin quererlo. Insta a la compra compulsiva de artículos innecesarios cada vez que baja el ánimo. Todo es igual de automático, en apariencia consciente pero inconsciente. El hábito echa raíces de forma más o menos rápida pero siempre de manera incremental, produciendo eventualmente una especie de condicionamiento pavloviano clásico. [▶73] En ese momento, una señal específica de aprobación, asociada a algo más (televisión, café, estado emocional) es suficiente para encender el ardiente deseo de obtener la recompensa: el trozo de pastel, la nicotina, un par de zapatos más para guardar en el armario…

Cuando ese deseo se vuelve irreprimible, obsesivo e inalienable, el hábito se convierte en una condenación real. Se llama adicción.

Existe una adicción a sustancias exógenas (comida, alcohol, nicotina y drogas diversas) que hace cosquillas al sistema de recompensa, principalmente a través de receptores especializados preinstalados en el cerebro, como los de los cannabinoides u opiáceos. En este último caso, la adicción puede ser devastadora porque la tolerancia (la necesidad de aumentar la dosis), el síndrome de abstinencia y las recaídas son fuertes. En realidad, hay pocas sustancias que sean tan adictivas como la heroína o la cocaína. Quienes dejan de fumar sienten la necesidad física de la nicotina, pero los efectos de la abstinencia no duran más de cinco o seis días. Lo que hace que sea difícil dejar el cigarrillo se esconde bajo el umbral de la conciencia.

Pero también existe una dependencia de comportamientos específicos, no todos previstos originalmente. En los últimos 10 000 años, primero al paso de un caracol y luego a la rapidez del ritmo de hoy en día, la aceleración tecnológica ha sido aterradora: un período de tiempo demasiado corto para permitir que la evolución pueda seguir ese ritmo. Así que las compras, la televisión, los videojuegos, la pornografía o los juegos de azar pueden, si es necesario, sustituir a la racionalidad. Y ahora existe una novedad nada despreciable: desde los primeros años del siglo XXI, todo eso es accesible a través de la red digital planetaria, con el resultado de que la compra compulsiva, el autoerotismo y la mano de póquer están disponibles las 24 horas del día, los 365 días del año. Y lejos de miradas indiscretas.

No todos los cerebros están igualmente inclinados a convertir cualquier diversión dopaminérgica en una obsesión imposible de abandonar. A algunos no les afecta en lo más mínimo la posibilidad de exagerar con la bollería industrial a cualquier hora del día, ni con los cigarrillos o la televisión. Muchos desarrollan malos hábitos veniales aquí y allá en la vida (morderse las uñas, usar Facebook demasiado), malos hábitos de comportamiento (enojarse continuamente, ver sólo el lado negativo, no hacer ejercicio), quizá hasta el punto de desarrollar una o varias adicciones más o menos inconfesables.

Pero hay cerebros que literalmente pierden la cabeza. Una visita rápida a Las Vegas es todo lo que se necesita para ver cómo el juego, la nicotina, el alcohol y el sexo van cogidos de la mano con mucha alegría. Existe un vínculo, incluso genético, que une las adicciones en sus formas más agudas. En estos casos, es aconsejable buscar la asistencia de instituciones de salud y asociaciones voluntarias que se ocupan del problema específico. Más aún cuando el usuario lo considera grave.

Sin embargo, el mecanismo por el cual se forman los hábitos y las adicciones es más o menos siempre el mismo. Antes de acostarte, o cuando te despiertes por la mañana, prometes no repetir esa acción, tanto anhelada como indeseada a la vez: dejar de beberte esa copa que te acorta la vida, jugar a ese videojuego que le quita tiempo a la vida, comerte ese bocado que aumenta el diámetro de tu cintura. Suena como algo racional, ¿no? Sin embargo, un poco más tarde, romper la promesa con uno mismo se vuelve totalmente racional: por lo menos, desde el punto de vista de apaciguar de inmediato el sistema de recompensa. El proyecto se pospone para el día siguiente. Y el círculo se repite.

El sistema de recompensa ciertamente incluye un pequeño lado consciente y deliberativo (como el placer de haber hecho bien tu trabajo), pero está de modo literal dominado por el lado ancestral del cerebro, que prefiere el placer a corto plazo. Saber posponer el placer es una función muy útil a lo largo de la vida y es un hábito que se puede implantar en cualquier sistema. Justo por eso un cerebro no puede instalarse de forma correcta si en los primeros años de vida nadie le dice nunca que no: porque se acostumbra a un mundo que no existe. [▶181]

Del mismo modo, nos complace informarte que, cultivando contrahábitos positivos, puede desinstalar cualquier hábito no deseado, incluidos los que parecen incontrolables. Con este truco, el cerebro racional puede, si no tomar el control, al menos modificar e influir en el automático.

El periodista estadounidense Charles Duhigg hizo un buen resumen en el libro *El poder de los hábitos*. Tomemos un cerebro que tiene la mala costumbre de comerse un trozo de pastel en la cafetería todos los días después de la reunión de las tres, a pesar de que las pruebas de colesterol sugieren muy racionalmente que es mejor no hacerlo. El final del encuentro es la señal, morder el pastel de chocolate es la rutina y el aroma resultante de endorfinas, dopamina y azúcares es la recompensa. Perdona la banalidad del ejemplo, te toca a ti reajustarlo a los hábitos que más te interesen. Pero, en última instancia, la receta radica en identificar la señal que enciende la necesidad de una sustancia o comportamiento, y ante esa señal cambiar la rutina del hábito en otro hábito capaz de dar una recompensa, por pequeña que sea.

Después de la reunión de las tres, puedes ir a charlar con tus colegas (las actividades sociales producen dopamina) mientras bebes un buen vaso de agua (proyectando hacia el futuro una imagen de ti mismo más ágil y *sexy*). Al repetir este ciclo, que inicialmente no era tan agradable, puedes borrar rápidamente el hábito no deseado, y con un poco más de esfuerzo, incluso una adicción.

Por supuesto, es más fácil decirlo que hacerlo. Pero es bueno tener una idea clara: el círculo vicioso automático puede romperse mediante otro círculo virtuoso utilizando el mismo mecanismo. Tu cerebro es plástico, no lo olvides.

9.1.6 Estrés crónico

El «desgaste de la vida moderna», estigmatizado por un famoso anuncio de televisión en Italia en la década de 1960, comenzó hace varios millones de años, es decir, cuando la evolución introdujo gradualmente en el planeta Tierra un extraordinario mecanismo automático de seguridad llamado miedo. [▶126]

Es probable que la vida (no exactamente moderna) de un reptil hace trescientos millones de años fuera un poco más agotadora que la que llevas tú hoy en día. Sin embargo, si lo piensas bien, hace sólo unos siglos, también la vida humana, en ausencia de leyes justas, supermercados, anticonceptivos y antibióticos, debe de haber sido bastante estresante. No, el estrés no se ha inventado recientemente, como aquel anuncio (con el actor Ernesto Calindri sentado en una mesa en medio de la calle) quería dar a entender. Más bien al contrario: el estrés ha evolucionado para funciones que nada tienen que ver con el exigente jefe de oficina, los plazos fiscales y los atascos en la vía de circunvalación.

Como en el caso del miedo, el hipotálamo [▶60] no pierde tiempo en responder al estrés: ordena a las glándulas suprarrenales que produzcan adrenalina instantáneamente. La hormona que te prepara para luchar o huir aumenta la presión y la frecuencia cardíaca para suministrar sangre a los músculos, ya sea para golpear o para correr. Hoy en día, muchos cerebros (ciertamente no todos) encuentran la sensación tan placentera que están dispuestos a pagar por ver una película de terror o por saltar de un acantilado con un parapente.

Sin embargo, si la alarma continúa, las glándulas suprarrenales tienen otro tipo de flecha en su arco: el cortisol, a menudo llamado «hormona del estrés». La diferencia entre el estrés y el miedo se desarrolla en la cuarta dimensión, el tiempo. [▶122] El miedo nació para evitar que nos convirtiéramos en el plato principal de un depredador y duraba el tiempo que tardábamos en intentar sobrevivir: unos cuantos minutos. El estrés es su resultado natural cuando un fuerte estado de ansiedad se prolonga durante meses o años, en respuesta a la desaparición de un ser querido, un matrimonio que salió mal o tal vez un trabajo agotador en un entorno hostil. Piensa en tu estrés favorito, siempre que se prolongue en el tiempo. Ahí es donde es probable que se desborden los niveles de cortisol.

En pocas palabras, el cortisol inhibe el sistema inmunológico, interfiere con el sistema endocrino y ataca al hipocampo en particular, en el peor de los casos dañándolo físicamente. Es por eso por lo que la hormona del estrés interfiere con los mecanismos de la memoria y del aprendizaje, que están regulados por los hipocampos (y por eso no es una buena idea usar amenazas y ejercer castigos en la escuela). [▶169]

Entonces, el estrés es algo feo y malo, ¿verdad? Estás equivocado. Si no fuera así, ningún deportista sería capaz de superarse a sí mismo. «Cuando tienes el balón entre los pies y decenas de miles de voces te piden que corras hacia la portería», dijo una vez el futbolista Roberto Baggio, «la adrenalina te da alas». Algún grado de estrés puede incluso ser recreativo, como ya hemos apuntado. También puede ser creativo, en el sentido de que mantiene ese estado mental de alerta que se requiere para escribir un libro a tiempo con la cláusula del plazo de entrega que figura en el contrato que te ha hecho firmar el editor. Numerosos estudios confirman que, en la dosis adecuada, el estrés aumenta la productividad en el trabajo, siempre y cuando no lo lleves por encima de cierto nivel (y algunos «jefes» consiguen hacerlo muy bien), porque de lo contrario la productividad cae. Es toda una cuestión de medida.

En algunas ocasiones, la medida puede no estar llena, sino extrallena. Es el caso del estrés postraumático que produce lo anterior pero multiplicado por diez o cien veces, incluyendo daño permanente a la memoria. Se encuentra en casos particulares de violación o violencia, o en casos de abusos a una edad temprana. Pero también puede ser producido a escala industrial: el Departamento de Veteranos de Guerra de Estados Unidos ha declarado oficialmente que los casos de estrés postraumático en la posguerra de Vietnam fueron 830 000. Nada de lo que el Pentágono pueda estar orgulloso. [▶181]

El estrés no es en sí mismo un error de cálculo de tu sistema nervioso central. Digamos que las cuentas no cuadran cuando los mismos mecanismos del miedo se activan con demasiada intensidad y durante demasiado tiempo. Por esta razón, la gestión del estrés es una parte importante, si no vital, del control cognitivo.

Según la OMS (la Organización Mundial de la Salud), el estrés y otros trastornos mentales prevalecen en Europa y en América del Norte, en comparación con el resto del mundo. Ahí es donde se originó el sistema de mercado capitalista y, de alguna manera, la «modernidad». Si el antiguo estrés desgasta el cerebro, también es en parte culpa de la vida moderna.

9.1.7 Fobias e ilusiones

El miedo al futuro, según las estadísticas de la OMS, está más extendido en el mundo occidental que en el resto del planeta. Se llama ansiedad.

La ansiedad, en conjunto, consiste en preocuparse por eventos que aún no han sucedido, ya sean realistas, improbables o imposibles. Como siempre, el cerebro responde con los mecanismos del miedo: una liberación hormonal que aumenta la frecuencia cardíaca. Si quieres, puedes ponerte a prueba. Concéntrate, cierra los ojos y comienza a representar en tu mente un evento que temas terriblemente, y continúa durante un minuto imaginando sus detalles y consecuencias. Notarás la reacción del sistema cardíaco en el pecho. Sin embargo, pasado un minuto, cuando termines este ejercicio, todo volverá a ser como antes. Si por el contrario el pensamiento negativo sigue girando sobre sí mismo, nunca interrumpido por un contrapensamiento positivo, se verá reforzado por los mecanismos automáticos de la memoria [▶77] y el estado de ansiedad se volverá crónico, con una miríada de variaciones, incluso debilitantes.

En casos extremos puede convertirse en fobia. Ése es el miedo persistente a algo, evento o situación, que en algunos casos desemboca en ataques de pánico, caracterizado precisamente por el círculo vicioso que gira sin nada virtuoso que lo detenga. Incluso dejando a un lado las fobias más conocidas por el gran público (arañas, serpientes, grandes espacios, espacios reducidos, hablar en público, volar y por supuesto la muerte), el número de los catalogados oficialmente es realmente elevado. Puedes tener un miedo insoportable al paso del tiempo, a los demonios, a los dentistas, al frío, al sol, al color rojo, a los gérmenes, a los números, a los olores, a los sueños, a los espejos, a los órganos sexuales, a que te miren, a estar solo, y así sucesivamente.

No hay nada nuevo: los sustratos neurales del miedo son siempre los mismos e involucran tanto a las amígdalas [▶57] como a la vía hipotálamo-pituitaria-glándulas adrenales. [▶60] Las fobias generalmente surgen de un trauma psicológico, pero no sin la ayuda de la genética. Está demostrado que, en muchos casos, las terapias cognitivo-comportamentales pueden aliviar, si no borrar, muchas fobias. Hay películas disponibles en YouTube de exaracnofóbicos que mantienen completamente la tranquilidad con una gran araña peluda en las manos.

En la escala de los trastornos más graves, no necesariamente relacionados con el miedo, se encuentra una serie de errores de cálculo relacionados con una única fijación, lo que se denomina ilusión monotemática. Puede resultar de un trauma, daño cerebral o de una enfermedad mental más grave. Hay quienes creen que un amigo o familiar ha sido reemplazado por un doble. Hay quienes creen conocer a varias personas, que en realidad son la misma, pero a la que consideran capaz de asumir diferentes identidades. Hay quienes niegan ser esa persona reflejada en el espejo. O quien, a menudo después de un derrame cerebral, rechazan categóricamente que le pertenezca el brazo izquierdo o todo el lado derecho del cuerpo. Se llama somatoparafrenia.

Pero podemos ir aún más lejos. Un cerebro afectado por la apotomnofilia anhela perder una extremidad específica de su cuerpo a través de la amputación, a menudo con un componente de excitación sexual. En el caso de la acrotomofilia, sin embargo, el deseo ardiente es tener relaciones sexuales con parejas con miembros amputados.

Estamos en el umbral extremo, donde los errores de cálculo se convierten en fallos de funcionamiento.

9.2 FALLOS DE FUNCIONAMIENTO

En las últimas etapas de la evolución del *Homo sapiens*, algunos cambios drásticos en la expresión de los genes han ayudado a incrementar la actividad cerebral, la calidad de las conexiones sinápticas y su plasticidad. Hay quienes creen que este aumento de complejidad ha abierto la perspectiva de patologías neuropsiquiátricas como la esquizofrenia y de enfermedades neurodegenerativas como el párkinson. Aunque otras especies animales no son inmunes, los humanos parecen ser significativamente más vulnerables a las disfunciones cerebrales.

9.2.1 Autismo

Derek Paravicini vive en Londres y toca el piano desde los dos años. Hoy, que tiene casi cuarenta años de edad, participa en espectáculos y programas de televisión en los que el público pide cualquier canción y él la toca de memoria. Al parecer, conoce 20 000. Nacido prematuro y víctima de una terapia incorrecta en la incubadora, Derek es ciego y sufre problemas causados por un desarrollo cerebral inadecuado en la infancia. Si hubiera nacido uno o dos siglos antes, habría formado parte del elenco de un circo o de un espectáculo de rarezas. Y si hubiera nacido aún antes, habría sido encerrado o incluso eliminado.

Derek es autista, como otros 25 millones de personas en el mundo. Ahora que los trastornos del espectro autista ya no se califican como obra del diablo ni nada por el estilo, son tratados y respetados en gran medida. Ningún caso es igual. Para generalizar, podríamos decir que experimentan un grado muy variable de dificultad en las relaciones interpersonales, con déficit de comunicación, intereses estrechos (si no obsesivos) y predilección por las conductas repetitivas. Y los grados de variabilidad son tan amplios que en ocasiones los convierten en sabios como Derek Paravicini o como Raymond, el personaje que interpreta Dustin Hoffman en la película *Rain Man*. En algunos casos, el impacto de la perturbación es mínimo. En algunos otros, muy relevante.

Los trastornos del espectro autista incluyen otros trastornos del desarrollo neurológico, como el síndrome de Asperger (que no afecta al lenguaje ni a la inteligencia, pero limita la capacidad de comprender a los demás) o el «trastorno generalizado del desarrollo no especificado de otra manera» (PDD-NOS), un autismo atípico porque aparece sólo en la edad adulta, aún sin un nombre real.

A pesar de una leyenda arraigada, no existe la más mínima evidencia de que el autismo esté relacionado con las vacunas. Se desconocen las causas, pero la predisposición genética se demuestra por la prevalencia en gemelos idénticos. Es frecuente en los cerebros de Modelo M®. [▶185]

9.2.2 Depresión crónica

Definir la depresión es una tarea difícil por dos razones. La primera es que la palabra se usa tanto de manera inapropiada («Hemos perdido en el Mundial, estoy deprimido») como en casos clínicos graves. La segunda es que el estado de ánimo deprimido puede ser causado por un mal funcionamiento del sistema nervioso central, pero también por una miríada de otras razones: enfermedades autoinmunes, infecciones bacterianas o virales, trastornos de la alimentación, trastornos del sistema endocrino, conmociones cerebrales, esclerosis múltiple, tumores u otras patologías mentales (como el trastorno bipolar, donde las fases depresivas se alternan con las fases maníacas), que por tanto necesitan cuidados y atenciones completamente diferentes.

Dejando de lado las fases tristes pero pasajeras que puede atravesar cualquier cerebro en la vida (que sin embargo no entran en la categoría de disfunciones), la depresión crónica es un fenómeno de enorme trascendencia. Según la Organización Mundial de la Salud, alrededor de trescientos millones de personas se ven afectados en todo el mundo y se prevé que el número aumente significativamente entre ahora y mediados de siglo. Tristeza, ansiedad, falta de esperanza, sensación de vacío, de inutilidad, en algunos casos incluso sentimientos de culpa. Todos los síntomas que conducen a la retirada de las actividades sociales y a una disminución general del interés. Las causas se encuentran en una combinación de factores genéticos, biológicos, ambientales, pero también psicológicos: un evento trágico puede desencadenar un efecto en cascada. El Instituto Nacional de Salud Mental de EE. UU. habla de «depresión clínica si está presente durante la mayor parte del día, la mayoría de los días durante al menos dos semanas». Quizá dos semanas sea un plazo de tiempo un poco corto, pero si el fenómeno se prolonga y la depresión es severa o moderada, es necesario buscar la ayuda de especialistas.

En los últimos veinte años, finalmente se ha extendido la idea de que la depresión es causada por un desequilibrio químico o biológico del cerebro, reemplazando siglos de denigración y malentendidos hacia quienes la padecen. No es casualidad que la comercialización de las empresas farmacéuticas que anuncian los SSRI en la televisión (en Estados Unidos la ley lo permite) con la misma indiferencia con la que anuncian los medicamentos para la tos haya contribuido a esta nueva actitud social.

Los fármacos inhibidores selectivos de la recaptación de serotonina pueden bloquear la recaptación (en términos sencillos, el reciclaje) de la serotonina, prolongando así su efecto a nivel sináptico. Se recetan en grandes cantidades en todo el mundo, aunque nadie puede explicar por qué los niveles de serotonina aumentan poco después de comenzar el tratamiento, pero el fármaco hace efecto después de varias semanas.

Existe un sentimiento claro de que en el futuro [▶238] la investigación farmacológica podrá hacerlo mucho mejor que eso.

9.2.3 Trastorno obsesivo-compulsivo

Acciones, pensamientos y, en ocasiones, incluso palabras que se repiten, sin cesar. Sentirse obligado a verificar cinco veces seguidas que la puerta de entrada está cerrada. Sentir la necesidad de lavarse las manos incluso después de hacerlo diez veces en la última media hora. Pensar, sin saberlo, siempre en lo mismo. Éstos son los síntomas más populares del trastorno obsesivo-compulsivo que, según estudios recientes, afectaría al menos en una etapa de la vida al 2,3 % de la población mundial, sin diferencias geográficas significativas ni tampoco de género. Las terapias conductuales y los medicamentos actuales en el mercado tienen cierta eficacia. Si alguna vez hubo dudas sobre la estrecha relación entre la biología y los trastornos del comportamiento, simplemente recuerda la historia del joven canadiense que, a principios de los noventa, se disparó en la cabeza, sobrevivió y se despertó sin compulsión alguna.

Evidentemente, sin embargo, el trastorno no impide cambiar el mundo a quien lo padece, ya que no impidió que el teólogo Martín Lutero cambiara el cristianismo, el matemático Kurt Gödel cambiara las matemáticas y la lógica, y el inventor Nikola Tesla cambiara la vida moderna como la conocemos.

9.2.4 Esquizofrenia

Cuando el pensamiento, el lenguaje, la percepción de uno mismo y de la realidad se entrelazan, se da esquizofrenia. Aunque se desconocen las causas, el efecto es un desequilibrio químico general de la dopamina, la serotonina y el glutamato que interfiere con todo el sistema sensorial hasta el punto de abrumarlo. Las alucinaciones pueden ser visuales, olfativas, auditivas, gustativas y táctiles. Las ilusiones, como creer que los pensamientos de uno vienen de afuera, son capaces de interferir dramáticamente en la vida cotidiana. Casi nadie desarrolla esquizofrenia en la niñez. Prácticamente nadie lo hace en la vejez. Por lo general, la patología se manifiesta hacia el final de la adolescencia y crece lentamente hasta que se revela por completo alrededor de los veinticinco años de edad. Los hombres se ven ligeramente más afectados que las mujeres. Los factores de riesgo son, como siempre, genéticos, pero también ambientales: las condiciones de pobreza, maltrato y abandono a menudo se correlacionan con la aparición de la esquizofrenia.

Según la Organización Mundial de la Salud, alrededor de veintiún millones de personas en todo el mundo se ven afectadas. Los efectos están relacionados con el nivel de gravedad de la patología, no siempre son debilitantes y ha habido casos de recuperación.

9.2.5 Neurodegeneración

La buena noticia es que la duración media de los cerebros sigue alargándose gracias a un estilo de vida más correcto y una mejora significativa en los diagnósticos y tratamientos de los distintos sistemas nacionales de salud. A nivel mundial, la duración es de 71 años (68,5 para el Modelo M® y 73,5 para el Modelo F®), [▶185] aunque con fuertes disparidades geográficas: en Japón tiene 83 años, en Sierra Leona tiene 50. Pero te recomendamos que no te olvides de que en 1900 la esperanza de vida media mundial de un cerebro era de sólo 31 años, y en 1950 era de 48. La mala noticia es que, gracias a una mayor esperanza de vida y a los éxitos médicos, en 2015 la enfermedad de Alzheimer y otros tipos de demencia senil se convirtieron en la principal causa de muerte en Inglaterra y Gales, según la Oficina Nacional de Estadísticas del Reino Unido. Se espera que esta tendencia se extienda progresivamente por todo el mundo industrializado.

Entre las numerosas formas de demencia que provocan daños permanentes en el pensamiento y en la memoria, hasta el punto de comprometer el funcionamiento normal, se encuentran las relacionadas con el desgaste de la máquina cerebral que, si se previenen, se pueden frenar. [▶220] Pero las cosas se complican en el caso de enfermedades neurodegenerativas como el alzhéimer (responsable de más del 50 % de los casos de demencia), el párkinson, la enfermedad de Huntington o la esclerosis lateral amiotrófica (más conocida como ELA). La neurodegeneración, capaz de golpear a más niveles a la complejidad de las redes neuronales, parece hasta ahora imparable y esencialmente intratable. Demuestra, exactamente de manera incorrecta, lo extraordinaria y compleja que es la máquina cerebral.

9.3 MITOS POR DISIPAR

Entre clichés, leyendas urbanas y películas de escaso contenido científico, el sistema nervioso central suele ser mal interpretado y mal considerado. Por favor, revisa con cuidado esta lista de diez datos erróneos para ver si alguno ya está instalado en tu cerebro. En este caso, para una mayor fiabilidad y funcionalidad del producto, te recomendamos encarecidamente que lo elimines.

El cerebro ve el mundo tal y como es. Pues no.

El daño cerebral no se puede reparar; las neuronas no renacen; las drogas y el alcohol las matan. El hecho de que las neuronas (a diferencia de todas las demás células) nazcan y mueran junto con el usuario del cerebro [▶219] ha llevado a la creencia de que las células nerviosas y sus sinapsis son algo estático, si no predeterminado. Al contrario, gracias a su plasticidad [▶81] innata, el cerebro es capaz de reactivar o reubicar conexiones rotas y, a veces, áreas enteras aisladas por un trauma. Se ha demostrado que al menos en los hipocampos (quizá también en los ganglios basales) algunas neuronas continúan naciendo incluso en la edad adulta. Los fármacos que, dependiendo de la molécula, pueden ser capaces de tomar por completo como rehén al sistema de recompensa, [▶149] no producen «agujeros» en el cerebro como algunos sugieren. Y el alcohol, que, como ya sabrás, interfiere felizmente con la neurotransmisión, no «mata las neuronas» como alguien más afirma: todas sobreviven a la resaca.

Quienes utilizan más el hemisferio izquierdo se inclinan más hacia la lógica; quienes usan el hemisferio derecho se inclinan más hacia la creatividad. Sabemos desde la década de 1960 que los dos hemisferios realizan algunas funciones cerebrales diferentes, con preferencia por el lenguaje a la izquierda y la información espacial a la derecha. Pero los dos hemisferios están íntimamente conectados por la autopista del cuerpo calloso y el cerebro funciona como uno, no como dos. La idea de que cada cerebro depende más del hemisferio derecho o izquierdo, para justificar las inclinaciones personales hacia el orden lógico o el desorden creativo, aún sobrevive, pero ha sido completamente desacreditada. Un estudio de 2012 demostró que el pensamiento creativo involucra electroquímicamente a todo el cerebro.

Escuchar la sonata K448 de Mozart para dos pianos te hace más inteligente. Es una noticia que en los noventa acabó en las portadas de los periódicos de todo el mundo: se había demostrado que, después

214

de haber tocado esa sonata a un grupo de niños, sus pruebas de inteligencia, especialmente la espacial, aumentaron. Ningún estudio ha podido repetir el experimento de nuevo. Sin embargo, en 1998, Georgia distribuyó un CD de música clásica a todos los niños del estado para aumentar su inteligencia y el efecto Mozart se sigue citando como si fuera real.

Después de los veinte, todo es cuesta abajo. No, no es cierto. Algunas características alcanzan su punto de máxima eficacia a los veinte años, otras a los treinta y otras, como el lenguaje, mucho después de los cuarenta. La maduración y el deterioro del cerebro [▶220] son mucho más complejas de lo que pensamos, porque diferentes factores afectan a distintas facultades cognitivas.

Los crucigramas y los sudokus mantienen tu cerebro en forma. No, eso no es suficiente. Los acertijos, o los programas de *software* que se anuncian como una defensa contra el envejecimiento cerebral, simplemente aumentan la capacidad de resolver crucigramas y cuestionarios, son una prueba de memoria, pero no aumentan la inteligencia. Definitivamente es útil hacerlos, pero no creas que son una panacea. Aprender cosas nuevas continuamente, fuera de tu zona de confort, [▶169] probablemente sea mucho más efectivo. En pocas palabras, tienes que trabajar duro.

Las neuronas espejo han forjado la civilización humana. En los noventa, en la Universidad de Parma, se descubrió que en los monos algunas neuronas motoras se activan para desencadenar el movimiento, pero también al ver a otra persona hacer el mismo movimiento. De ahí el nombre de neuronas espejo.

El neurocientífico indio Vilayanur S. Ramachandran contribuyó a una hipérbole al proponer una teoría –ahora muy controvertida– que les atribuía la función de «neuronas de la empatía», [▶141] responsables de la civilización humana y, por tanto, en caso de mal funcionamiento, del autismo. Hoy en día leemos tonterías como «son las neuronas espejo las que nos hacen llorar en el cine», o «es bueno ir a visitar a los amigos en el hospital para activar tus neuronas espejo». Sin restarle importancia al descubrimiento, estudios recientes demuestran que las neuronas espejo son parte de una intrincada red de actividades neuronales, incluida la empatía, que obviamente hace uso de la función imitativa. Pero no son su interruptor.

Hay quienes pueden leer la mente o utilizar percepciones extra-sensoriales. El mito, que estalló en la década de 1930, consiste en creer que el cerebro es capaz de tener percepciones que no provienen de los sentidos, sino producidas por la mente misma: desde la intuición infalible a la clarividencia, hasta la telepatía e incluso la telequinesia (la capacidad de mover objetos con el pensamiento). La ciencia, la actividad humana que se ocupa de comprender la naturaleza con observaciones verificables y repetibles, excluye que haya algo de verdadero en todo eso. Pero hay quienes están convencidos de lo contrario, incluso en las altas esferas. La historia de ese grupo de «espías psíquicos» organizados por la CIA durante la Guerra Fría para experimentar con soluciones militares basadas en el pensamiento es muy instructiva. Y la película que lo cuenta, *Los hombres que miraban fijamente a las cabras*, es muy divertida.

Sólo se usa un 10 % del cerebro. Hollywood ha consagrado una vieja leyenda urbana con la película *Lucy*, donde Scarlett Johansson toma accidentalmente una enorme dosis de una droga nootrópica [▸238] y su inteligencia crece en cuestión de horas hasta el punto de dotarla de telepatía, telequinesia y teletransportación mental. Fantasías. Lo cierto es que el cerebro ya está comprometido al 100 % en hacer que todo el ser humano funcione: respiración, latidos, presión, digestión, movimiento, equilibrio, pensamiento, planificación futura, etc. Ver la televisión mientras se comen patatas fritas, que puede parecer el pináculo de «no hacer nada», en realidad implica un trabajo neuronal respetable. Incluso durante el sueño, el cerebro está completamente activo. Ese 10 % es el chiste del siglo.

La mente cuántica. Hay quienes han teorizado, como el físico Roger Penrose, que la mecánica cuántica juega un papel decisivo en algunos procesos cognitivos, comenzando por la conciencia. Es decir, la posibilidad de que las funciones cerebrales se encuentren a caballo entre el modelo estándar de la física que regula rígidamente el mundo que nos rodea y la mecánica cuántica que regula probabilísticamente el mundo subatómico. Ésta es una hipótesis muy difícil de probar, que quizá será verificada o refutada dentro de mucho tiempo, al menos a juzgar por las dificultades iniciales: «Si crees que has entendido la mecánica cuántica», dice el viejo chiste del físico estadounidense Richard Feynman, «quiere decir que no la has entendido». Por otro lado, las teorías pseudocientíficas han florecido sobre la capacidad individual inherente de mejorar su propia existencia aprovechando las capacidades de la «mente cuántica» e incluso para curar enfermedades con una «cura cuántica». ¡Ay!

10.0 FIN DE LA VIDA ÚTIL (EOL)

Todos los productos que tienen un manual de usuario tienen una vida útil limitada, aunque incierta. Algunos lo llaman «obsolescencia programada», lo que implica una responsabilidad deliberada por parte del fabricante. En el caso del cerebro, de hecho, está programado por la naturaleza. Las células de la piel viven aproximadamente un mes. Los glóbulos rojos se renuevan cada tres meses. Las células del hígado cada dieciocho. En cambio, las células neuronales perduran durante toda su vida con el fin de preservar los recuerdos de la infancia a los ancianos y, por lo tanto, poder ser uno mismo un día tras otro. Esta increíble peculiaridad convierte a las neuronas en las verdaderas heroínas de la existencia.

Sólo en los últimos años, se ha demolido el mito de que entre 50 000 y 80 000 neuronas mueren cada día en el cerebro humano sin ser reemplazadas. Ahora sabemos que en la vejez el cerebro pierde una cierta cantidad de células nerviosas, pero también sabemos que es capaz de producir otras nuevas (particularmente en los hipocampos) [▸59] a lo largo de la vida; lo que no quiere decir que la autopista de la ancianidad esté libre de peajes que pagar.

El envejecimiento afecta al cerebro a nivel molecular, celular, vascular y estructural. Aunque los mecanismos aún se desconocen, la genética, las experiencias cotidianas, pero también las variaciones en los niveles de neurotransmisores y hormonas, juegan un papel en la afectación progresiva de la memoria, las habilidades motoras y las funciones ejecutivas. Así es como ocurre la neurodegeneración [▸212] con la duración de la vida que se alarga.

La pérdida de sinapsis, ya en el inicio de la edad adulta, contribuye a disminuir progresivamente la densidad de la corteza. Entre los sesenta y los setenta años de edad, la materia gris comienza a adelgazarse lentamente, especialmente en los lóbulos frontales y en los hipocampos. Lo mismo ocurre con la materia blanca, porque las vainas de mielina que recubren los axones se degradan. El cerebro anciano produce menos neurotransmisores y tiene menos receptores para recibirlos. Los niveles más bajos de dopamina, serotonina y acetilcolina contribuyen a la pérdida de memoria y, a veces, a la depresión. Si a esto le sumamos que un sistema vascular desgastado, asociado a la hipertensión arterial, aumenta el riesgo de ictus (una ruleta rusa cuyo resultado depende del área cerebral afectada), entendemos que, frente a la obsolescencia del sistema nervioso central, las arrugas no son nada.

Para el budismo, la vejez es uno de los cuatro sufrimientos de la existencia. Los demás son el nacimiento, la enfermedad y la muerte, como diciendo que los problemas tienden a concentrarse en la segunda mitad de la vida. Estar preparado conscientemente para ello (y preparado no significa angustiado) puede ser una muy buena idea.

Con una fase de enfoque adecuada y algunas estrategias de sentido común, [▸233] los efectos de la degradación cerebral generalizada pueden mantenerse a raya. Te recomendamos que te prepares, incluso con mucha antelación, para afrontarla.

10.1 FASE DE APROXIMACIÓN

Envejecer bien es a menudo una suerte, un regalo cromosómico de los antepasados. No es de extrañar que los científicos estén buscando las claves de la suerte en el genoma de poblaciones donde los centenarios son una norma, como los habitantes de Ogliastra en Cerdeña, los del norte de la isla de Okinawa en Japón o los de Ikaria en Grecia.

Se espera, por ejemplo, encontrar una manera de frenar el deterioro de los telómeros, que es la parte final de cada uno de los 23 pares de cromosomas, caracterizados por cientos de repeticiones de la «palabra» TTAGGG, escrita en el alfabeto de las bases nitrogenadas. Los telómeros sirven para proteger la herencia genética durante la replicación del ADN, pero, como resultado del mecanismo utilizado, pierden trozos con el tiempo. Cuanto menos se dañan, menor es el envejecimiento. Poder protegerlos sería un triunfo para la medicina y una catástrofe para los sistemas nacionales de pensiones.

Pero envejecer bien es ante todo un arte. Tener la genética adecuada no garantiza una vida larga y saludable si el estilo de vida es malo. Los centenarios, y en general todos aquellos ancianos que se mantienen bien, tienen una fórmula personal (quizá inconsciente) para la salud física y mental. A medio camino entre la ciencia y el simple sentido común, las recomendaciones que se pueden deducir observando a los *super-agers*, los superhéroes del envejecimiento, podrían resumirse en cinco puntos.

Movimiento. Ya poco después del arranque, [▶91] tanto el cerebro como su cuerpo –la *mens* y el *corpore* latinos– tienen la necesidad de ejercer actividad física para desarrollarse y funcionar correctamente. [▶102] Caminar mucho, montar en bicicleta, hacer trabajos de jardinería frecuentes, incluso pesados, son cosas que parecen estar estrechamente relacionadas con una larga vida. Aquí no hablamos del gimnasio (que sigue siendo una excelente alternativa a la inmovilidad), sino del cotidiano y arraigado hábito de moverse.

Los ancianos habitantes de Ogliastra, Okinawa e Ikaria, definidas como *blue zone* por Dan Buettner, el investigador de la National Geographic Society que estudia la geografía de la longevidad, han caminado kilómetros todos los días de sus vidas: más que un deber, un hábito. En cambio, los fieles de la Iglesia Adventista del Séptimo Día, sujetos de un estudio similar en California debido a su alta longevidad, tradicionalmente pasan todos los sábados de su existencia caminando por el campo y por el bosque: más que un deber, un placer.

En resumen, mantenerse siempre en movimiento no es una recomendación para la fase de aproximación a la vejez, sino para toda la existencia. Cuanto antes empieces, mejor.

Nutrición. El apetito llega comiendo, pero también llegan las enfermedades. Según la OMS, en 2014 había 1900 millones de personas con sobrepeso en el mundo, un tercio de ellas obesas. Para decirlo sin rodeos, no hay un solo *super-ager* que tenga sobrepeso. Las poblaciones más longevas se caracterizan por una dieta mayoritariamente vegetariana, baja en grasas animales, micronutrientes, ácidos grasos omega-3 y antioxidantes (como el té verde japonés o el Cannonau de Cerdeña, que resulta tener más polifenoles que cualquier otro vino).[1]

Los estudios en monos han demostrado una fuerte correlación entre la restricción de calorías en la dieta, que es muy diferente de la desnutrición, y el envejecimiento retardado. Entonces, además de seguir los consejos básicos sobre una adecuada nutrición e hidratación, [▸95] en la fase de aproximación a la vejez es ideal prestar un poco más de atención a las sustancias introducidas en el sistema digestivo, especialmente moderando las cantidades. Se dice que en Okinawa tienen la costumbre de «llenar el estómago al 80 %». Calcular los porcentajes con el estómago puede ser complicado, pero es el ejemplo perfecto de una actitud dietética orientada a la moderación calórica saludable.

Sentido. El modelo social de trabajo-jubilación, visto como el cambio brusco de la actividad a la inactividad, es un desastre. No es casualidad que muchos busquen otros trabajos o actividades que les iluminen y den sentido a su vida diaria. Aquellos que no lo hacen tienden a declinar física y cognitivamente con mayor rapidez. En las *blue zone* existe un sistema familiar basado en un respeto casi sagrado por la ve-

---

1. El consumo de vino tinto se correlaciona con la longevidad, pero sólo cuando se consume en cantidades moderadas.

jez, considerada la edad de la sabiduría, donde el anciano tiene un papel en el cuidado de los descendientes y un sentido en la vida.

Para envejecer lentamente, la vida debe tener un propósito, como sugiere el concepto japonés de *ikigai*. Literalmente, *iki* significa «vida», «existencia», y *gai*, «resultado», «efecto», «fruto». Se puede traducir como «razón para existir». En la cultura japonesa, se espera que todos busquen su propio *ikigai*, una mezcla de preferencias e inclinaciones, y darle rienda suelta a la edad postlaboral. Sin embargo, según Buettner, en Okinawa son aún más concretos. En esa isla al sur del archipiélago japonés, *ikigai* se puede traducir como «para qué me despierto por la mañana».

No podemos darte ninguna información sobre tu *ikigai*, porque se trata de elecciones personales. Sólo recuerda que, debido a los sofisticados mecanismos de la neurotransmisión, la depresión llama a otra depresión y, a la inversa, la motivación llama a otra motivación. Un sentido de la vida que trascienda la ocupación (como la jubilación) y las etapas de la existencia (como los hijos que se van) es indispensable para la fase de aproximación. Se trata de encontrar la respuesta, la que tenga más sentido para ti, a la pregunta: ¿para qué me despierto por la mañana? Y despertarse en consecuencia.

Sociabilidad. La correlación positiva entre el envejecimiento lento y las relaciones con otros seres humanos es abrumadora. Los *super-agers* tienen en común el ejercicio, la nutrición, la motivación para despertarse por la mañana, pero también una relación cercana con familiares, descendientes, amigos y otros seres humanos. Un gran número de estudios psicológicos demuestran claramente que el voluntariado, pertenecer a una asociación religiosa, a un grupo cultural o artístico, asistir a teatros o clubes recreativos, atenúa muchos de los posibles síntomas negativos del envejecimiento cerebral. Si en las islas de la longevidad los ancianos tienen un trato y un papel especial, en el resto del mundo –sobre todo en el urbanizado– los muy mayores suelen convertirse en un problema por resolver. Si pensamos que el promedio de vida está destinado a alargarse, [▶212] hacer todo para envejecer con suavidad parece casi un imperativo. Entonces, si prefieres la soledad, permítenos sugerirte que cambies de preferencias. Es mala para la salud general y cerebral.

Conocimiento. El quinto punto no se desprende de la observación de poblaciones con una alta tasa de longevidad. Sin embargo, numerosos estudios confirman una correlación inversa entre la tasa de educación y el deterioro neuronal. Por tanto, merece una discusión aparte.

10.2 APRENDIZAJE PERMANENTE

Un curioso estudio científico iniciado en 1986 ha abierto una ventana a la enfermedad de Alzheimer, la patología más temible del envejecimiento. Un grupo de investigadores de la Universidad de Minnesota comparó textos escritos décadas antes por setecientas novicias de las Scholastic Sisters of Our Lady, una orden religiosa de derecho pontificio, con los registros médicos de sus ancianas. Y se encontró una estrecha correlación entre un nivel cultural más alto y una menor propensión a desarrollar esa enfermedad.

Si el aprendizaje y el conocimiento son un escudo protector contra la demencia senil, los estados harían bien en apoyarlos y promoverlos seriamente. Ahora que el ejército de *baby boomers* (los nacidos entre 1946 y 1964) ha comenzado a cruzar la marca de los setenta años, la OMS espera que los casos de alzhéimer se multipliquen por tres para 2050. El costo social de esta esperada epidemia de demencia será muy alto. Actuar a tiempo, incluso con las generaciones más jóvenes, podría resultar la inversión más apropiada.[2]

El Informe Delors de 1996 (que lleva el nombre del famoso presidente de la Comisión Europea) arrojó la piedra al estanque. El docu-

---

2. En el año 2014, la OMS estimó un costo mundial de 607 000 millones de dólares por año, incluyendo también las horas de trabajo perdidas por aquellos que tienen que cuidar a personas con alzhéimer.

mento inspirado recomendaba informar al sistema educativo sobre el principio del *life-long learning*, el aprendizaje que nunca termina. La idea era que la ciudadanía siguiera desarrollando habilidades, conocimientos y atributos personales con un sistema educativo capaz de traspasar el lapso de existencia y basado en «cuatro pilares»: «aprender a conocer, aprender a hacer, aprender a ser, aprender a vivir juntos». Una idea validada por el sentido común, por la ganancia económica y, como sabemos hoy, también por la ciencia. Aun así, continúa siendo una utopía.

Te aconsejamos que la conviertas en una realidad personal.

El aprendizaje permanente no significa enfrentarse a exámenes y hojas de calificaciones de por vida. Simplemente significa seguir un camino de crecimiento neuronal, sináptico y axónico, completamente voluntario y completamente libre. Significa explotar la inclinación humana a la curiosidad, para dirigir a voluntad una vigorosa plasticidad cerebral [▶81] que modele a un ciudadano más consciente, a un trabajador más flexible y a un cerebro más resistente al envejecimiento.

Como decía el título de un antiguo programa de televisión italiano dedicado a la erradicación del analfabetismo: *Nunca es demasiado tarde*. Las escuelas públicas, pero también la televisión pública, hace tiempo que lograron cerrar esa vergonzosa división social. Y nuevamente, gracias a la tecnología, nunca ha sido tan fácil como hoy dar el siguiente paso: el aprendizaje sin fin.

Tanto si eres una adolescente dinámica o un *baby boomer* canoso, nunca es demasiado tarde para empezar a divertirte. Porque el aprendizaje permanente presupone diversión. La libertad de decidir sobre qué aprender, qué aprender a hacer, qué aprender a ser, qué aprender de los demás. Es el sistema de recompensa [▶149] que brinda (con dopamina) el placer de agregar constantemente nuevos módulos al propio almacén neuronal de conocimiento.

Puedes decidir agregar este año el módulo «acuarela» y comenzar con el módulo «idioma alemán» el próximo año. Siempre puedes aprender a jugar al billar, a cocinar comida china, a tocar el oboe, a programar *software*, a leer sánscrito. Todo lo que quieras. Y no sólo hay escuelas de idiomas y profesores de danza. En la Web hay vídeos para aprender a tocar el ukelele, libros y enciclopedias sobre todo el conocimiento humano, cursos universitarios de todos los niveles totalmente gratuitos. Todo esto, y mucho más, es accesible incluso desde el dispositivo electrónico que llevas en tu bolsillo o bolso. Los *life-long learners* más famosos de la historia, desde Sócrates hasta Leonardo, se morirían de envidia.

Como cualquier otra herramienta, ese océano de información digital llamado Internet se puede utilizar de una manera, digamos, más o menos inteligente. [▶84] Utilizado como herramienta de autoaprendizaje permanente, representa un hito en la historia del planeta Tierra. Hasta principios del siglo XX, cientos de años después de la invención de la imprenta de tipos móviles, los libros seguían siendo una prerrogativa de la nobleza, de los ricos y de las instituciones religiosas. En el siglo XXI ya no existe una pizca de dificultad para encontrar información y, por lo tanto, para aprender.

Es el momento perfecto para emprender el camino del aprendizaje permanente. Si es posible, hasta el final.

10.3 DESPUÉS DE TODO

Tu cerebro es 100 % biodegradable. Sin embargo, lamentamos comunicarte que todo el contenido se elimina unos pocos segundos después de que la máquina haya llegado al final del ejercicio. Ahora bien, como éste es el mayor depósito de información sobre tu experiencia a bordo de este planeta, perderlo para siempre podría ser una desgracia.

Mientras esperamos el desarrollo tecnológico que nos permita realizar copias de seguridad cerebrales, [▶242] te recomendamos que registres los detalles que consideres más significativos para transmitirlos a cualquier persona que desees expresamente, por lo general tus nietos.

Cada cerebro tiene una historia única e irrepetible, muchas veces secreta. ¿A quién no le gustaría leer los pensamientos íntimos y las historias personales de su padre, abuela o incluso un bisabuelo lejano?

El relato puede registrarse en diferentes formatos (texto, audio o vídeo) en orden creciente de impacto emocional en los destinatarios. La solución de vídeo, de hecho, puede generar efectos no deseados. Por esta razón, recomendamos encarecidamente el formato de texto, quizá bien acompañado de fotografías antiguas.

Sin embargo, si tu cerebro ha pasado los últimos años o décadas «publicando» incesantemente pensamientos, palabras e imágenes en Facebook, Twitter e Instagram, déjanos decir: gracias, ya está bien. Quizá eso sea suficiente.

11.0 EXTENSIONES

Reemplazar el microprocesador central por uno más moderno, reemplazar las memorias RAM y de almacenamiento por unas más grandes, actualizar el sistema operativo. Con estos pocos movimientos, un ordenador viejo puede florecer en una nueva vida, puliendo los cálculos a una fluidez nunca antes vista. No hay expansiones o actualizaciones para el cerebro en el mercado. Pero no creas que la biología es inferior a la electrónica.

El sistema nervioso central sabe autoensamblarse, conectarse, reestructurarse, en algunos casos puede autorrepararse e incluso evolucionar. En definitiva, tienes tu propia manera de incorporar estructuras neuronales al patrimonio cognitivo, y así actualizar la gestión de todo el sistema y de las aplicaciones instaladas, además de contribuir al buen funcionamiento general y a una obsolescencia más lenta. No existen tales expansiones en el mercado de los ordenadores.

En principio, cepillarse los dientes con la mano no dominante, y en general todo aquello que te permita salir de tu zona de confort, crea nuevas conexiones sinápticas y mejora el control motor y cognitivo.

Pero se puede hacer mucho más. Se pueden expandir los límites de la memoria, agregar praderas neuronales enteras aprendiendo un nuevo idioma, se puede preparar una vida más rica a través de la meditación y de un sentido fundamental de gratitud por la vida misma. O, si quieres hacer un poco de trampa, siempre puedes recurrir al dopaje de la mente. Actualmente, se utilizan medicamentos y suplementos dietéticos para aumentar las habilidades cognitivas y de atención, lo que a menudo modifica la competencia normal entre estudiantes y compañeros de trabajo. Al fin y al cabo, es comprensible que esto ocurra por parte de una especie viva quizá primitiva, pero tan inteligente como para poder valorar la inteligencia.

11.1 EXPANDIR LA MEMORIA

Es el gradual advenimiento de automóviles, *scooters* y ascensores lo que ha hecho necesarios los gimnasios modernos. Si la tecnología ha agregado velocidad y comodidad a la vida de la especie humana, también la ha privado de muchas de las actividades musculares que la han acompañado evolutivamente durante cientos de miles de años. [▶102]

¿Y la memoria? Fue un recurso fundamental de la evolución del *sapiens*. No sólo para tener en cuenta lo práctico (qué plantas comer, de cuáles alejarse) y lo social (la llamada tradición oral) necesario, sino también para acumular la cultura y el conocimiento necesarios para crear nuevas ideas a partir de las antiguas. Para luego transferirlas nuevamente a otros cerebros. Así, de la historia obtenemos las leyendas del rey Ciro de Persia, que conocía a todos sus soldados por su nombre, o el conocimiento enciclopédico de Pico della Mirandola. Eran tiempos en los que la memoria tenía una enorme importancia y prestigio.

Con la llegada de los libros, las cosas empezaron a cambiar: no había necesidad de memorizar una lista de plantas, fórmulas o elementos si guardabas el manual a tu lado. En la época de Cicerón y los maestros de la Antigüedad, «cuando la facultad de la memoria era de suma importancia, era mucho más apreciada que en el presente», escribió el filósofo David Hume ya a mediados del siglo XVIII.

¿Qué decir de tres siglos después? Los primeros teléfonos móviles hicieron innecesario memorizar los números de teléfono de familiares y amigos. Los nuevos teléfonos inteligentes mantienen citas, direcciones, mensajes y, a demanda, disuelven cualquier duda sobre el nombre de un cantante o de un político. Con la tecnología *bluetooth* que los conecta automáticamente al automóvil, ya no es necesario recordar dónde está estacionado. En el mercado hay asistentes virtuales a domicilio que, previa solicitud de voz, recuerdan los plazos en el calendario o cuál es el nombre de esa canción que suena du-du dudu-daa. Según algunas previsiones, en 2020 se conectarán en promedio 6,5 dispositivos digitales a la red por cada ser humano (lo que colectivamente se denomina Internet de las cosas), incluidos termostatos, cámaras, relojes o gafas. En este derroche de memorias digitales, ¿qué será de la memoria biológica a mediados de siglo? ¿Y al comienzo del siguiente?

El riesgo está respaldado por la tendencia generalizada a encogerse de hombros: «Tengo poca memoria, no puedo evitarlo». O, peor aún, de creer que memorizar algo les quita espacio a otros recuerdos, cuando en realidad es todo lo contrario. [▶77] El caso es que la memoria es la base de la función cerebral más extraordinaria que tienes, el aprendizaje, [▶169] hasta el punto de que su uso contribuye activamente al bienestar psicofísico y a ralentizar el envejecimiento. [▶224]

No es una cuestión de qué y cuánto memorizar: esto depende de tu cerebro. Mucho depende del cómo.

Aquellos que fueron a la escuela en España, China, India, Japón, Brasil o Turquía (y algunos otros países del mundo) se han encontrado varias veces con que debían aprenderse de memoria poemas. Un esfuerzo loable para moldear las habilidades de la memoria de un cerebro humano joven y plástico, pero también el único enfoque en edad escolar para la memorización mecánica e ineficiente. Es ineficiente porque a menudo funciona en contra de lo (poco) que sabemos hoy sobre los engranajes de la memoria. El texto aprendido a través de la repetición es aburrido, no ayuda a comprender, no produce asociaciones con otros conocimientos y con el paso del tiempo se degrada.

Aquellos que quieran aprender a recitar la *Divina Comedia* o a tocar de memoria el clavecín templado no pueden recurrir a la repetición mecánica. Deben utilizar un método que aproveche una atención apasionada, una comprensión profunda de los significados (ya sean literarios o armónicos) y una secuencia de asociaciones mentales que favorezcan la recuperación neuronal de la secuencia de palabras o notas. Es curioso que en el idioma inglés, para indicar el aprendizaje «de memoria», se dice *by heart*, con el corazón. Aunque científicamente inapropiado, el término sugiere de forma clara que, sin la pasión –algo más que mera atención–, no se memoriza demasiado.

En el mercado existen numerosos libros y cursos de pago que enseñan técnicas mnemotécnicas, más o menos efectivas. Sin embargo, si tan sólo los cerebros abandonaran los prejuicios generalizados sobre los límites de su memoria, sería un gran paso adelante. La memoria no es un «músculo» que se flexiona con crucigramas, [▶213] como dicen algunos, sino un intrincado ejercicio electroquímico para fortalecer las sinapsis y los axones. La plasticidad es de todos. Todos pueden tener la memoria que quieran. [▶77]

Se necesitan diez minutos para expandir la memoria de un ordenador. Para expandir la memoria de un ser humano, es necesario atesorar la antigua y agregar información durante diez años (generalmente necesaria para dominar algo). Incluso sólo para compensar la desmemoria de números de teléfono y direcciones, sería bueno que memorizaras progresivamente algo más, a tu gusto. ¿La letra de todas las canciones de los Beatles? ¿La lista de átomos en la tabla periódica? ¿Las 194 capitales del mundo? No hay fronteras.

El periodista estadounidense Joshua Foer, después de entrevistar a algunos de los campeones del mundo de la memoria para un artículo en el *New York Times*, decidió experimentar en sí mismo sus consejos para la memorización. La historia, que contó en el libro *Los desafíos de la memoria*, es más que un final feliz.

Para aprender de memoria el fatídico poema, en lugar de la repetición mecánica, es mucho más eficaz utilizar asociaciones, por ejemplo, visuales o emocionales. El mnemonista alemán Gunther Karsten sugiere anclar las palabras clave a imágenes mentales, si es posible tan absurdas o ridículas como para aumentar su efectividad. Corinna Draschl, otra campeona de concursos de memoria, usa en su lugar asociaciones con estados emocionales particulares (tal vez porque tiene un cerebro Modelo F®). [▶185]

Foer cuenta que simplemente utilizó el método, ya conocido en la antigua Grecia, llamado «Palacio de la Memoria». En definitiva, se trata de elegir un lugar amplio y conocido, por ejemplo la casa de los abuelos en el campo, y recorrerlo con la mente de una habitación a otra, colocando virtualmente en el sofá, en la mesa o en un rincón de la cocina una serie de objetos imaginarios asociados mentalmente a la secuencia que se vaya a memorizar. Gracias a esta técnica milenaria, en 2006 Foer ganó el U.S.A. Memory Championship después de tan sólo un año de entrenamiento, aprendiéndose de memoria la secuencia exacta de 52 naipes en un minuto y cuarenta segundos.

Y que nadie diga que la memoria no se puede expandir.

11.2 ESTRATEGIAS PARA EL CEREBRO

La primera estrategia para el cerebro es seguir las recomendaciones básicas para su ejercicio y mantenimiento. Puedes ser tan inteligente como quieras, pero sin un suministro adecuado de alimentos e hidratantes, sueño y movimiento, tu cerebro se atasca como un motor de combustión interna sin gasolina. [▸104]

Con esta premisa, presentamos algunas estrategias que pueden ayudar a expandir las capacidades y potencialidades cerebrales, así como a retrasar el envejecimiento. [▸220]

Lectura. Internet representa un punto de inflexión histórico en las oportunidades que ofrece, democráticas e igualitarias, para ampliar indefinidamente el pozo del conocimiento. [▸169, 224] Sin embargo, en sus mil aspectos de intercambiar y compartir, también representa un arma poderosa de distracción masiva, como el cuchillo de doble filo de la multitarea. [▸165]

En 2008, con un artículo publicado en la revista mensual *The Atlantic* con el título «Is Google Making us Stupid?», el escritor Nicholas Carr abrió el telón sobre una posible e inquietante consecuencia. La hipótesis de que la naturaleza hipertextual de la Web en sí misma puede tener efectos neuroplásticos inversos, restringiendo la capacidad del cerebro de concentración y contemplación. Como demuestra la formación de hábitos y adicciones, la plasticidad no siempre tiene repercusiones positivas. De acuerdo con Carr, que subió la apuesta con el libro *The Shallows: What the Internet is Doing to our Brains*, el resultado inmediato de este proceso cerebral es que la gente encuentra menos atractivas las lecturas largas y meditativas del pasado.

¿Qué dice tu cerebro? ¿Has reducido por casualidad el número de libros leídos de principio a fin en los últimos años? ¿Te atrae más la velocidad del hipertexto, las wikis, las redes sociales? Depende de ti evaluarlo.

El libro, en cualquier forma, ya sea en papel o en bits, ayuda a formar la arquitectura de la reflexión, del pensamiento «lento». El hipertexto al estilo de Wikipedia, por otro lado, ayuda a construir asociaciones mentales entre una información rápida y otra. Pero el libro lleva consigo la (eventual) autoridad del autor y del editor. Por otro lado, el hipervínculo presupone saber discernir entre la calidad diferente (y en ocasiones desconocida) de las fuentes: no saber hacerlo supone arriesgarse a ser abrumado por la ola de *fake news*, esas noticias falsas que han demostrado ser capaces de envenenar la democracia y la diplomacia internacional.

La segunda estrategia para expandir los límites del cerebro, por lo tanto, puede dividirse en tres puntos: leer, leer y leer. La lectura es buena para las sinapsis, desde la infancia hasta la vejez.

Meditación. Otra excelente estrategia para expandir la capacidad del cerebro en cuanto a concentración y contemplación es la meditación de atención plena o *mindfulness*. El término, acuñado en los últimos años, pero derivado de una tradición budista milenaria, indica el proceso de dirigir toda la atención al momento presente. Sentir cada rincón del cuerpo, el peso de tus pies en el suelo, tu respiración, los pensamientos que fluyen y, exactamente, el momento que pasa.

Desde hace unos diez años, la meditación de atención plena se acepta como terapia para la ansiedad o la depresión, mientras se estudia como un método para aliviar los síntomas de otras enfermedades. Se prueba en escuelas, gimnasios y cuarteles como estrategia para incrementar los resultados educativos, deportivos y psicofísicos. Entre 2016 y la primera mitad de 2017, se publicaron 7820 artículos científicos en todo el mundo, discutiendo o mencionando los efectos de la meditación de atención plena en el cerebro. Algunos sitios en inglés que versan sobre la meditación de atención plena obtienen millones de visitas. Dado que los cursos, las escuelas y los métodos que la recomiendan han florecido en todas partes, depende de ti seleccionar el consejo más sensato (quizá sin tener que gastarte un solo céntimo).

El escáner con resonancia magnética revela que, después de ocho semanas de práctica de meditación, las amígdalas (los centros del miedo) disminuyen, mientras se engrosa la corteza cerebral. No es sorprendente que se haya demostrado que la meditación reduce el estrés y aumenta la capacidad de atención.

Y aquí está la cuestión. Lo ideal es que la práctica sea diaria. Practicar la meditación para ver sus efectos significa reservarte un pequeño espacio todos los días, quizá partiendo de unos pocos minutos. Pero dirigir toda la atención al momento presente significa hacer precisamente eso. En definitiva, la multitarea y el *mindfulness* no se llevan bien.

Música. Existe un vínculo fascinante entre el cerebro y la música. Aunque no se comprenden las razones evolutivas (no sirve para procrear ni para sobrevivir), una buena canción o un cuarteto de cuerdas eleva la dopamina y disminuye el cortisol. [▶117] Es cierto que escuchar una sonata de Mozart no te vuelve más inteligente, [▶213] pero una plétora de estudios psicológicos o realizados con resonancia magnética funcional confirman que la música es una estrategia muy poderosa para la extensión del cerebro.

Gracias a los efectos neuroquímicos antes mencionados, la música puede cambiar el estado de ánimo, vigorizar y, en algunos casos, ayudar a la concentración. Los trabajadores que pueden elegir qué música escuchar son más productivos. Escuchar música –de hecho, una de las actividades favoritas del ser humano– activa una vasta red de estructuras cerebrales para distinguir los tonos de los sonidos y percibir la estructura rítmica y armónica de la composición. Casi nadie escucha un disco en silencio religioso como se hacía antes, pero ahora que la música está digitalizada, retransmitida en *streaming* y siempre disponible, su tasa de escucha nunca ha sido tan alta en la historia de la humanidad.

Sin embargo, haciendo música es como se obtienen los mejores resultados en la extensión del cerebro. Se ha demostrado que la educación musical en la infancia (el período crítico adecuado) aumenta las habilidades verbales y de razonamiento como resultado de un modelado plástico de los sistemas auditivo, motor y sensoriomotor. La investigación científica ha identificado diferencias cognitivas, estructurales y funcionales entre cerebros de músicos y no músicos, pero es difícil demostrar que dependen únicamente de la capacidad para tocar un instrumento.

Comenzar a una edad muy temprana es ideal, pero, aunque es más difícil, empezar de adulto proporciona los mismos beneficios (y las mismas alegrías). Por no hablar de aquellos que aprendieron música en la infancia y luego, por diferentes motivos, colgaron el instrumento de un clavo. Si perteneces a esta categoría, te aconsejamos que no te deshagas de los activos cerebrales de una estrategia tan poderosa como la música.

Idiomas. Hablar más de un idioma es definitivamente una ventaja competitiva en este mundo globalizado. Se dice que los bilingües superan en número a los monolingües en el mundo. Ciertamente, más de la mitad de los ciudadanos europeos hablan al menos dos idiomas. India ha establecido por ley la lista de sus veintitrés idiomas oficiales. En Mumbai o Kolkata, no es raro que alguien hable punjabi e hindi con su familia paterna, bengalí con su familia materna e inglés con sus hijos. La ciencia dice que todo esto es muy bueno para el cerebro, hasta el punto de incrementar su potencial plástico. [▶81]

El período crítico [▶91] para aprender idiomas es la primera infancia. Desde muy pequeños, los niños aprenden fácilmente tres idiomas juntos, como el del padre, el de la madre y el que se habla en el jardín de infancia. Si uno de éstos no se usa, como adultos aún podrán distinguir los fonemas mejor que otros. Sin embargo, también se ha demostrado que, en cerebros que aprenden una segunda o tercera lengua en la edad adulta, los cambios plásticos son aún más evidentes (no es de extrañar que sea más agotador) en áreas cerebrales distintas a las de la lengua materna. Los estudios científicos han registrado mejores habilidades cognitivas en cerebros bilingües incluso más allá del ámbito lingüístico, pero, por supuesto, también les es más fácil aprender un tercer o cuarto idioma. Además, si no fuera así, sería imposible convertirse en políglotas como Emanuele Marini, un empleado de la provincia de Milán que habla dieciséis idiomas con fluidez.

Aquellos que tienen la fortuna de nacer bilingües, que lo aprovechen. Si tienes la suerte de ser muy joven, mira dibujos animados en su idioma original. Aquellos que tienen la suerte de ser más adultos y más sabios, que se tomen en serio la estrategia de expandir sus fronteras cerebrales con otro idioma.

Gratitud. La suerte, simplemente. La vida es una suerte y todo parece indicar que sólo pensarlo ya es una estrategia cerebral exitosa. El hallazgo ha sido verificado por múltiples pruebas. En una de ellas, se pidió a un grupo de jóvenes adultos que llevaran un diario de las cosas por las que están agradecidos, una especie de reflexión sobre los aspectos positivos de sus vidas. A otros se les pidió que llevaran un diario de las cosas por las que se sentían mal. Y a otro grupo de control, un diario regular. Como resultado, después de unas pocas semanas, el primer grupo registró niveles más altos de atención, mayor entusiasmo y energía. La gratitud es buena para la salud, y es bien sabido que si se aplica asiduamente, también es buena para las relaciones humanas.

«Gracias a la vida», dice la canción del mismo nombre, inmortalizada por la cantante argentina Mercedes Sosa, «que me ha dado tanto». Si la psicología «positiva» puede parecer extraña o poco probable para alguien, se ha demostrado que funciona. El experimento de gratitud se replicó en múltiples versiones, incluso pidiendo a los sujetos del experimento que llevaran el diario sólo una vez a la semana, pero al final con resultados similares y además confirmado por resonancia magnética funcional. [▸242] Los efectos beneficiosos del aprecio por la vida, que en retrospectiva es exactamente lo contrario del lamento o la queja, resultan ser duraderos y autorreforzados: así como cavilar demasiado produce una cadena de resultados depresivos, agradecer es un círculo virtuoso de aligeramiento. No se trata de vendarse los ojos ante los problemas, sino de observarlos desde la perspectiva correcta.

No es difícil intentarlo. Basta con sentirse agradecido por la belleza del mundo y por la suerte de tener un cerebro capaz de observarla.

11.3 MOLÉCULAS PARA EL CEREBRO

El NZT48 es un fármaco asombroso que se usa para mejorar el cerebro. No es casualidad que haya multiplicado por diez la inversión inicial de sus inventores. Para ser exactos, hizo que *Limitless* –la película con Bradley Cooper y Robert De Niro (con un costo de 27 millones de dólares) en la que un escritor alocado se convierte en un genio simplemente tragándose una pastilla nootrópica– recaudara 236 millones de dólares. Del éxito de taquilla se puede deducir que el sueño de convertirse en mucho más que inteligente hace cosquillas a las aspiraciones más secretas de los espectadores de todo el mundo.

Los nootrópicos son medicamentos que mejoran las capacidades cognitivas del cerebro humano. Ninguno de ellos tiene el poder de esa droga de Hollywood, pero ya se han convertido en un fenómeno comercial y cultural. Cultural porque son ampliamente absorbidos por los estudiantes de las universidades estadounidenses más famosas y por los empleados de las empresas más afamadas de Silicon Valley. En cuanto al éxito comercial, es fácil deducirlo de la amplia gama de nootrópicos a la venta en Internet.

Obviamente, hay moléculas y moléculas. Los medicamentos más potentes son aquellos que requieren prescripción médica y que, tal y como se recoge en las noticias, se encuentran más o menos ilegalmente para obtener una ventaja competitiva y dudosamente ética en la competencia empresarial o universitaria. El clorhidrato de metilfenidato, comercializado como Ritalin, se administra para trastornos de la atención como el TDAH [▸165] y por tanto en particular a los niños, como sucede en Estados Unidos a gran escala (se vende en gran parte de Europa, pero no en Finlandia).

Para usos no indicados en el prospecto –fuera de las indicaciones del fabricante farmacéutico–, el Ritalin mejora la atención y la concentración, aumenta la energía e incrementa el rendimiento cerebral en operaciones difíciles o repetitivas. Sin embargo, el Adderall, igualmente recetado para el TDAH y la narcolepsia, se dice que se utiliza no sólo en el lugar de trabajo, sino también en los vestuarios de los deportes profesionales y en los dormitorios. Agrega fuerza, velocidad y un toque de euforia que nunca hacen daño.

En cambio, sí que puede hacer daño. Además de los posibles efectos secundarios, si se utilizan durante mucho tiempo y en dosis elevadas, estas moléculas desarrollan fácilmente una fuerte adicción física y psicológica. En especial, el Adderall, que no se vende en Europa y está clasificado como anfetamina en casi todo el mundo. Pero no son los únicos medicamentos nootrópicos presentes en el mercado. Existe el modafinilo (conocido como Provigil), con usos no indicados en el prospecto que van desde la depresión hasta el síndrome de abstinencia de la cocaína. Hay dos clases de moléculas prescritas a los pacientes con alzhéimer que se sospecha que mejoran la cognición de un cerebro sano. Sin olvidar la categoría de los racetams, como el piracetam, vendidos en Europa (bajo el nombre de Lucetam o Nootropil) pero prohibidos en Estados Unidos, que están indicados farmacológicamente para cualquier otra cosa, pero igualmente no se utilizan para la mejora neuronal.

También hay una categoría completamente diferente de productos nootrópicos, clasificados como complementos alimenticios sin receta, que están inundando el mercado. En la jerga los llaman *stack*, que podríamos traducir como «recarga», «pila». De hecho, en una pastilla se amontonan las más variadas moléculas, naturales o derivadas de las naturales, para crear una mezcla ideal capaz de mejorar los procesos cognitivos. En septiembre de 2018, buscando «nootrópicos» en el sitio inglés de Amazon se encontraban unos quince productos, pero en la web americana casi 1500. Es cierto que las reseñas ayudan, pero elegir entre Mind Matrix, Neurofit, OptiMind y cientos de otras pastillas en un frasco parece una empresa monumental. Entre otras cosas, se dice que los amantes de los *stacks* están acostumbrados a mezclarlos para encontrar la *pila* ideal y personalizada. Obviamente, la contribución de estas píldoras al funcionamiento del cerebro no es tan drástica como la de las píldoras que aparecen en el cine. El efecto es levemente perceptible, aunque quienes las utilizan aseguran que los resultados se consolidan con el tiempo. En resumen, nada que ver con la inteligencia instantánea del NZT48.

Esto no quiere decir que la industria farmacéutica, capaz de invertir cientos de millones de dólares en la investigación de una sola molécula, no espere ya desarrollar productos nootrópicos un poco más cerca del sueño colectivo de *Limitless*, pero sin adicciones ni efectos colaterales desagradables. Sería la perfecta droga de la inteligencia, capaz de facturar cifras impensables. Sólo recuerda que los dos nootrópicos más suaves y más utilizados del mundo, la cafeína y la nicotina, ya mueven cientos de miles de millones de dólares al año.

Sólo es cuestión de esperar a que el futuro se haga presente.

12.0 VERSIONES FUTURAS

Este manual, como todos los manuales del mundo, no pretende revelar secretos o rumores sobre las versiones que se lanzarán en el futuro.

Bueno, en realidad, para ser sinceros, habría estado muy bien. Pero el problema es que no hay nada más improbable que poder adivinar el futuro: un manual sobre la inteligencia no es tan estúpido como para intentarlo.

Entonces, a pesar de todos los manuales del mundo, nos permitimos reflexionar sobre cómo podría evolucionar la inteligencia en las próximas versiones del sistema. Pero, atención, reflexión no significa previsión.

Hasta ahora, el cerebro ha tardado cientos de millones de años en pasar de los antepasados de los reptiles a los tataranietos de Leonardo da Vinci: a tal velocidad, en los próximos cien o doscientos años, no se podría esperar mucho. Sin embargo, gracias a los avances en la neurociencia, en la genética y también en la microelectrónica y en la nanoelectrónica, la perspectiva de máquinas capaces de incrementar el potencial cerebral, de tecnologías genéticas que eviten la neurodegeneración y de máquinas que se repliquen y superen los niveles medios de inteligencia humana parece más que probable. De hecho, es prácticamente inevitable.

«No hay ninguna ley física», escribieron en un llamamiento público cuatro científicos autorizados, incluido el famoso Stephen Hawking, «que impida que las partículas se organicen de tal manera que se realicen cálculos mucho más avanzados de la organización de las partículas en el cerebro humano». Son palabras eruditas que, en definitiva, pretenden hacer sonar una alarma: existe el riesgo de que algún día se cree una inteligencia tan superior a la de los humanos que inutilice a la humanidad misma.

Pero ¿es un riesgo que pertenece a un futuro próximo o a un impreciso futuro remoto?

12.1 NEUROTECNOLOGÍAS

PASADO REMOTO. Olvidemos los métodos más rudimentarios que se utilizaban antes para estudiar el cerebro: desde la aplicación de electrodos, como descubrió Luigi Galvani en el siglo XVIII, hasta las soluciones con taladro y sierra para metales. Esta historia puede comenzar en 1924, cuando el cerebro humano fue sometido por primera vez a un electroencefalograma: por fin una tecnología no invasiva para hacerse una idea de lo que está sucediendo en su interior. Es así como, por ejemplo, las oscilaciones neuronales, más conocidas como ondas cerebrales, [▸24] se descubrieron a través de una red de electrodos aplicados en el cuero cabelludo.

Casi un siglo después, todavía se utiliza una versión mucho más refinada de ese registrador primordial de pulsos neuroeléctricos, tanto en la medicina como en la investigación.

PASADO CERCANO. El verdadero salto de calidad comienza en los años setenta, con una auténtica cosecha de inventos y descubrimientos neurotecnológicos. Aparece la tomografía axial computarizada (TAC), que utiliza rayos X para producir una imagen de muchas capas anatómicas para ser procesada tridimensionalmente con un algoritmo que, en las primeras versiones, tardaba unas tres horas. Se asoma la imagen por resonancia magnética (MRI), que utiliza campos magnéticos y ondas de radio para representar imágenes anatómicas internas. La tomografía por emisión de positrones (PET), ya concebida hace dos décadas, se convierte en una realidad: a través de un medio de contraste se pueden observar numerosas funciones fisiológicas, no sólo cerebrales. Con la magnetoencefalografía (MEG), fue posible comenzar a dibujar un mapa cerebral gracias a imanes tan sensibles como para interceptar la débil actividad neuronal. En definitiva, un auténtico arsenal tecnológico –aunque en un principio muy primitivo– para sondear las profundidades invisibles del sistema nervioso central sin utilizar la sierra para metales, el taladro o, cuando era útil, el electrodo.

PRESENTE. La evolución del *hardware* concebido hace décadas desencadenó en el nuevo siglo una auténtica revolución de la neurociencia, que aún hoy produce abundantes frutos. Todas estas tecnologías se han perfeccionado y mejorado continuamente gracias a la capacidad de cálculo multiplicada de los microprocesadores. La TAC ya no es axial, la PET también se ha convertido en SPECT (tomografía por emisión de fotón único) y los imanes MEG han alcanzado niveles de sensibilidad impensables.

Pero la verdadera estrella del panorama neurocientífico mundial es la resonancia magnética, ya que se le agregó la etiqueta de «funcional». La resonancia magnética funcional (fMRI) es capaz de revelar las áreas más activas del cerebro en tiempo real y en tres dimensiones: dado que se requiere más oxígeno, el truco consiste en rastrear el movimiento de la sangre que lo transporta. La mayoría de los descubrimientos enumerados en este manual provienen de esta tecnología, aunque no siempre sola.

Cada tecnología de neuroimagen tiene fortalezas y debilidades, pero los defectos a menudo se pueden reparar combinándolos entre ellos. Al registrar la tendencia de la actividad cerebral a lo largo del tiempo, la MEG ofrece una precisión de 10 milisegundos, mientras que la fMRI tiene una resolución de algunos cientos de milisegundos: por eso, dependiendo de las circunstancias, se utilizan juntas o quizá en combinación con otras técnicas. Si en perspectiva todavía son primitivas, sus campos de aplicación ya son pura ciencia ficción. Sólo por poner un ejemplo, la resonancia magnética funcional ya se ha utilizado en algunas investigaciones judiciales para determinar el grado de conciencia (y por lo tanto de culpabilidad) de los delincuentes violentos.

FUTURO. Comenzando desde cero hace menos de un siglo, la neurotecnología ha dado grandes pasos. Lo que todos esperan es que, en el futuro, puedan fortalecer el cerebro mismo.

Si por casualidad se te han ocurrido tecnologías absolutamente futuristas, como microchips para interactuar con el cerebro, o quizá una estimulación craneal que aumente las capacidades cognitivas, nos complace informarte de que todo eso ya existe. Los implantes neuronales que interconectan el cerebro y los ordenadores permiten que las personas con epilepsia severa inhiban la actividad cerebral en ciertas áreas y que, ahora, incluso las personas parapléjicas muevan miembros artificiales con el pensamiento. La estimulación magnética transcraneal profunda (TMS), capaz de modular la excitabilidad de las neuronas sin métodos invasivos, ya se utiliza para la investigación y en casos graves de depresión y neurodegeneración.[1]

Hoy en día, para activar un implante neuronal, se debe abrir físicamente una puerta en el cerebro. Con tal procedimiento, es poco probable que lo utilice alguien que no tenga epilepsia, amnesia o parálisis. Pero las experiencias pasadas, desde la resonancia magnética hasta los teléfonos móviles, sugieren que los avances técnicos y tecnológicos de aquí a treinta años pueden ser literalmente impensables. También sabemos que la tecnología sigue más o menos las mismas fases evolutivas.

En un principio, los experimentos de interfaz ordenador-cerebro son rudimentarios, con algún problema grave y alguna que otra contraindicación. Luego, poco a poco, comenzarán a mejorar, hasta que alcancen el umbral de la comercialización a gran escala. Después de eso, dentro de dos o tres versiones, la bioelectrónica evolucionará lo

---

1. También existe la estimulación transcraneal con corriente continua (tDCS), que suministra una corriente débil a áreas particulares del cerebro. Ya existen tales herramientas en Internet para aplicaciones en el cuero cabelludo, que prometen mejorar la eficiencia del cerebro. Los efectos y consecuencias aún no se han demostrado pero, en cualquier caso, no se trata de una solución «no invasiva».

suficiente como para curar numerosas dolencias. Y tal vez sea capaz de mejorar a voluntad la memoria, la concentración e incluso el estado de ánimo.

Hasta alcanzar este nivel tecnológico, el camino puede parecer muy largo. Aunque en tan sólo un siglo la investigación se ha dotado de un arsenal de herramientas extraordinarias, todavía está lejos de conocer las estructuras, las conexiones y las funciones de un solo cerebro. Basta pensar en el genoma humano, que fue secuenciado hace más de quince años: la mayoría de los genes que contiene han sido identificados, pero la manera integrada en que funcionan sigue siendo en gran parte un misterio. Todo ello sin olvidar que un genoma contiene la información genética de un solo ser humano y que las diferencias entre genomas aún se deben comprender en gran medida. Ahora la idea es descifrar el conectoma, es decir, trazar un mapa preciso de las conexiones cerebrales. El tema es tan estratégico que Estados Unidos lanzó la *Brain Initiative* y la Unión Europea el *Human Brain Project*, dos programas de investigación de diez años de duración, multidisciplinarios e hiperfinanciados, para producir una especie de atlas del cerebro en una década. Más o menos en secreto, todo el mundo ya sabe que, en ese momento, el cerebro seguirá siendo un enigma.

Olvidemos el futuro remoto, aquel en el que los bisnietos de los usuarios actuales podrán descargarse sus cerebros y, por tanto –como imaginaba la ciencia ficción y como fantasea la ciencia en la actualidad–, podrán vivir para siempre dentro de un ordenador, mucho más sofisticado que los actuales (pero peligrosamente conectado a un enchufe). En ese punto, tal vez también se puedan descongelar los cerebros de esos exmillonarios y exoptimistas que, desde los noventa, han estado hibernando a la espera de que algún día la tecnología se vuelva tan avanzada que les devuelva a la vida, quizá más inteligentes y audaces que antes. Todo puede ser, pero son cosas que están demasiado lejos en el tiempo.

En cambio, puede que en cuestión de treinta años, o quizá sesenta, el grupo de instituciones comprometidas con descifrar cada detalle del cerebro humano y su extraordinaria complejidad (entre las cuales es bueno recordar a la DARPA, el brazo científico del Pentágono) abrirá inevitablemente el camino hacia nuevas y poderosas neurotecnologías, incluso peligrosamente más allá de los límites éticos. Desde el fondo del conocimiento limitado que tenemos hoy, parece una empresa imposible, es cierto. Sin embargo, ese mismo conocimiento es lo suficientemente elevado como para decirnos que, en teoría, no hay nada que impida que esta evolución artificial de la inteligencia se convierta en realidad.

Eso sería realmente una gran actualización histórica (4.3.8) de la versión del sistema. [▶21]

12.2 CGM (Cerebro Genéticamente Modificado)

Durante milenios, el *Homo sapiens* ha tenido en sus manos la genética de las plantas y de los animales. El diminuto y estentóreo teosinte, una hierba producida por selección natural, se ha transformado en la mazorca de maíz masiva y calórica gracias a la selección artificial realizada por generaciones de agricultores. El chihuahua, el más pequeño de los perros de compañía, deriva de la selección artificial realizada por generaciones de criadores a partir de un producto de selección natural muy diferente: el lobo.

Durante décadas, el *Homo sapiens* ha estado poniendo sus manos en la genética de las plantas y de los animales cada vez más profundamente. En 1953 se descubrió que toda la vida se reproduce usando el mismo alfabeto de bases nitrogenadas ATCG (adenina y timina, citosina y guanina), dispuestas de manera diferente en una molécula de ácido desoxirribonucleico, más conocida como ADN. En 1994 llegó a los supermercados estadounidenses el primer tomate modificado genéticamente, que se puede almacenar más tiempo. En 1996 se clonó el primer mamífero, la oveja Dolly. En 2001 se completó la primera decodificación del genoma de un ser humano, compuesto por 3 088 286 401 pares de bases nitrogenadas. Si se requirieron más de 3 000 millones de dólares en inversiones para realizar esa operación, en 2021 es una práctica establecida que ahora cuesta unos pocos miles de dólares.

Lo que podría suceder dentro de otro siglo o dos es realmente impensable. Cualquier cosa puede suceder: desde los escenarios distópicos ya descritos en la literatura, hasta el futuro mucho más brillante imaginado por el transhumanismo, un movimiento internacional que aboga por métodos y tecnologías para expandir indefinidamente la esperanza de vida y el potencial cerebral de la especie humana, hasta el punto en que merecerá la denominación de «posthumana». En ambos casos, quizá no sea necesario señalarlo, hay que superar obstáculos éticos monumentales. Éste es uno de los desafíos más formidables a los que se enfrenta la (todavía) especie humana en el futuro. Porque hay una suerte de regla subyacente a la curiosidad típica del *sapiens*: si se puede hacer algo, alguien lo hará.

Basta pensar en la optogenética, una de las neurotecnologías más extraordinarias que han aparecido en los últimos años. Es incluso asombroso que alguien haya tomado la decisión de tener en cuenta la sugerencia hecha por Francis Crick: para controlar neuronas individuales, «la señal ideal es la luz», escribió en 1999 el codescubridor del ADN. Con el magnetismo y la electricidad, la ciencia ya había encontrado formas de afectar áreas enteras del cerebro, pero no neuronas individuales. La optogenética lo ha conseguido con éxito.

El proceso comienza aislando, principalmente de algas y bacterias, los genes que expresan diferentes tipos de opsinas, proteínas sensibles a la luz. Después de eso, estos genes se insertan en el ADN de ratones de laboratorio, de modo que diferentes opsinas responden a diferentes neuronas. Luego, los cerebros de los ratones de laboratorio se conectan a fibras ópticas que transportan luz en varias frecuencias. *Et voilà*, simplemente modulando la frecuencia de la luz (azul, roja o amarilla) se puede inhibir o excitar neuronas individuales, controlando el comportamiento de los ratones como con un simple mando a distancia. La optogenética, que sirve para comprender la función de las neuronas individuales, es tan revolucionaria y prometedora que, aunque recién nacida, ya se utiliza en cientos de laboratorios de todo el mundo.

Pero mientras tanto ha surgido otra tecnología aún más poderosa y revolucionaria que, según algunos, está destinada a cambiar no la investigación científica, sino el mundo tal como lo conocemos. Se llama CRISPR-cas9 (y se pronuncia *crisper*). En pocas palabras, se utiliza para cortar y pegar ADN con tanta facilidad, rapidez y bajo coste que hace tan sólo diez años hubiera parecido una broma.

Las bacterias y los virus han estado librando su batalla diaria por la supervivencia durante mucho, mucho más tiempo que los leones y las gacelas. Así, algunas bacterias han desarrollado un complejo sistema para «robar» partes del ADN de los virus que las atacan, con el fin de reconocerlos y defenderse en la siguiente oportunidad. Usando exactamente el mismo sistema, los científicos emplean enzimas que se unen al ADN, lo cortan en un punto específico del cromosoma, donde un gen se reemplaza por otro y luego se cose el corte.

La increíble es que funciona de maravilla.

Lo malo es que esta tecnología es tan fácil y económica que se puede utilizar para propósitos dudosamente éticos o ciertamente peligrosos.

En 2015, un equipo de científicos de la Universidad Sun Yat-sen dirigió experimentos CRISPRcas9 con embriones humanos, sólo para abandonarlos después. Lo que se consideraba la línea ética que no se debía traspasar ya se ha cruzado. Al año siguiente, James Clapper, el Director de Inteligencia Nacional de Estados Unidos, incluyó la tecnología CRISPRcas9 en la lista de los seis principales riesgos planetarios, junto con Corea del Norte y los misiles rusos. ¿La razón? La técnica cortar y pegar genes también se puede utilizar para fabricar armas biológicas devastadoras.

Yendo un poco más hacia el futuro, la gran promesa de la modificación genética es la erradicación de las enfermedades genéticas. Por ahora, la manipulación del genoma humano se ve como algo reprensible y, además, el equipo chino que utilizó el embrión CRISPRcas9 encontró muchos más efectos secundarios de los que se esperaba. Pero ¿será igual dentro de veinte o de cuarenta años? Hoy en día, las funciones e interrelaciones de los genes aún se desconocen en gran medida, pero cuando se aclaren, ¿aceptará la sociedad usarlos para curar la fibrosis quística o la enfermedad de Huntington para siempre? ¿O tomará la decisión aún menos ética de hacer sufrir a los afectados?

Por este camino, pronto llegamos a las aberraciones de la llamada cosmética genética: los padres que eligen en un catálogo el color de ojos exacto para regalar al feto. Si se puede hacer algo, alguien lo hará. Pero la otra posibilidad, no exactamente cosmética, es que consigamos poner las manos en los genes de la inteligencia. Cuando alguien descubra cómo hacerlo, las clínicas privadas para mejorar las capacidades cognitivas de los niños crecerán de manera exponencial. Como siempre, el mercado decidirá. ¿Los padres más ricos resistirán la tentación de determinar de antemano que su hija será un genio en matemáticas y un portento en el piano? ¿O las clínicas genéticas quebrarán por falta de clientes? Encuentra tu propia respuesta.

Durante milenios, el *Homo sapiens* ha tenido en sus manos la genética de plantas y animales, pero eso es sólo el comienzo. En algún momento, modificar la inteligencia genéticamente será una tentación abrumadora.

Hoy podemos pensar en ello como queramos. Sin embargo, será una elección para las generaciones venideras. Desde el punto de vista de la historia evolutiva de la humanidad, ésta sería otra actualización histórica (4.3.9) de la versión del sistema. [▶21]

12.3 INTELIGENCIA ARTIFICIAL

Los exámenes, ya lo sabes, nunca terminan. Pero no te preocupes demasiado por la prueba de Turing. Si alguna vez te enfrentas a ella, la pasarás sin problemas sin siquiera prepararte. Y superarías a todos los ordenadores, incluido el japonés Fugaku, que, a principios de 2021, es el superordenador más potente del mundo (415 millones de billones de operaciones por segundo).

La prueba concebida por Alan Turing en 1950 se utiliza para evaluar la inteligencia de un ordenador y, hasta ahora, ningún ordenador la ha superado. La idea del científico inglés, cuya asombrosa vida y trágico epílogo se cuentan en la película *Descifrando Enigma*, es muy simple. Para ser considerado inteligente y «pensante», un ordenador debe poder hacer creer a un ser humano que es un ser humano.

Aunque también se fantaseó en la antigüedad, el término «inteligencia artificial» tiene una fecha y un lugar de nacimiento: verano de 1956, Dartmouth College, New Hampshire. Un pequeño puñado de informáticos se reunió durante seis semanas con el fin de sentar las bases teóricas de las máquinas pensantes del futuro, bautizando la disciplina como «*artificial intelligence*» o AI (IA por sus siglas en español). Diez años después, su investigación ya era fuertemente financiada por el Gobierno y por el Departamento de Defensa en particular, lo que alentó a los científicos a una profesión de fe excesiva. «Dentro de una generación», dijo Marvin Minsky, uno de los protagonistas de la conferencia de Dartmouth, «el problema de crear inteligencia artificial estará fundamentalmente resuelto».

No sucedió de esa manera. Durante decenios, la IA ha tenido una suerte fluctuante. El primer éxito público se produjo en 1996, cuando el ordenador Deep Blue de IBM venció al campeón mundial de ajedrez Garry Kasparov.

En 2011, otro ordenador de IBM, Watson, venció a dos campeones históricos de *Jeopardy!*, un concurso estadounidense de preguntas lingüísticamente muy difícil. Pero ninguna de las dos máquinas, basadas en una enorme capacidad de cálculo y gigantescas bases de datos enlazadas, ha pasado realmente la prueba de Turing.

Sin embargo, casi de repente, la inteligencia artificial ha comenzado a entrar realmente en la vida cotidiana de las personas. La novedad es que las máquinas están aprendiendo a aprender. Lo llaman *machine learning*, aprendizaje automático. Si Watson siguió un intrincado conjunto de instrucciones pero sin conseguir modificarlas, AlphaGo es capaz de hacerlo. AlphaGo es un *software* escrito por DeepMind, empresa londinense fundada por Demis Hassabis y comprada por Google en 2014, que venció al campeón mundial de Go, considerado el juego más complejo del mundo (las combinaciones posibles son 2×10^{170}:

muchas, muchas más que número de átomos en el universo). Después de la inserción de instrucciones y datos por parte de humanos, Alpha-Go ha aprendido, gracias a una *deep neural network,* una rama del aprendizaje automático basada en una serie de algoritmos que realizan cálculos en varios niveles, como si simularan las capas jerárquicas de la corteza cerebral. Pero lo impresionante del caso es que AlphaGo ha construido sus habilidades en casa, como hacen los seres humanos, jugando 30 millones de partidas consigo mismo y aprendiendo de sus errores.

El aprendizaje automático y las *neural network* también son la base de Siri, Cortana, Alexa, Ok Google y sus compañeros, es decir, los asistentas personales controlados por voz instalados en todos los teléfonos inteligentes y ahora también en herramientas especiales para la domótica. El hecho relevante es que aprenden de las exigencias de los usuarios y, en consecuencia, mejoran con el tiempo.

La inteligencia artificial ahora se ha asegurado su lugar en los automóviles gracias a la empresa israelí MobilEye (fundada por el científico Amnon Shashua y comprada por Intel por 15 300 millones), que primero desarrolló un sistema de visión inteligente para permitir la seguridad automática. El automóvil sin conductor, en el que están trabajando todos los gigantes de la automoción más Tesla, Google, Apple, Uber y muchos otros, podría convertirse en una realidad en unos pocos años. La idea es darle literalmente el volante a la inteligencia artificial.

Pero la inteligencia artificial ya se ha extendido también a las fábricas, donde nuevos tipos de robots colaboran con operadores humanos y aprenden de ellos las más variadas tareas. Ya existen algoritmos basados en el aprendizaje automático que son capaces de redactar algunos documentos legales sin la necesidad de un abogado, un artículo para las noticias deportivas o financieras sin la necesidad de un periodista, o un arreglo musical sin la necesidad de un compositor.

«Las profesiones que menos fácilmente serán reemplazadas por las máquinas», comenta Tomaso Poggio, profesor del MIT que tuvo a Demis Hassabis y a Amnon Shashua entre sus estudiantes de posdoctorado, «serán las más simples pero creativas (el lampista, el manitas) y las más complejas (el científico, el programador). Todas las demás se pueden reemplazar en gran medida». Aunque algunos políticos atribuyen el desempleo interno a distorsiones del mercado global en lugar de a una automatización desenfrenada en marcha, los verdaderos estadistas (aquellos que se preocupan tanto por el futuro como por el presente) deben prepararse a tiempo para el impacto de la inteligencia artificial en la sociedad. Ya ha comenzado.

El *deep learning* se ha hecho posible gracias a la convergencia de tres factores: el aumento constante de la capacidad informática de los microprocesadores; el desarrollo de nuevas técnicas y nuevos algoritmos más sofisticados; y la disponibilidad de grandes bases de datos para entrenar los músculos de la inteligencia artificial, como en el caso de AlphaGo. De estos tres factores, es posible que sólo el primero no sea imparable. La Ley de Moore («la potencia informática se duplica cada dos años») está a punto de superar sus limitaciones físicas en los chips de silicio, hasta el punto de que, en los últimos tres años, la inteligencia artificial se ha basado en las GPU, los microprocesadores para gráficos, que funcionan en paralelo y son más eficientes. Para que la Ley de Moore sobreviva, se necesita más. Por ejemplo, chips neuromórficos, que simulen el cerebro.

Es una vieja idea, pero probablemente cercana a la maduración. Los procesadores tradicionales realizan cálculos al ritmo de un reloj, como un metrónomo que les marca el *tempo*. En el procesador que simula el cerebro, por otro lado, además de comunicarse en paralelo sin restricciones de ritmo, cada «neurona» artificial es capaz de recibir información y decidir si la transmite a la siguiente neurona. Como neuronas reales. No es casualidad que un chip neuromórfico, al igual que el cerebro, consuma muy poca energía: un prototipo construido por la habitual IBM contiene cinco veces los transistores de un procesador Intel, pero consume 70 milivatios, dos mil veces menos.

Los otros dos factores detrás del *boom* de la *machine learning*, algoritmos cada vez más sofisticados y grandes bases de datos, no tienen obstáculos para el crecimiento. Pero una cosa debe quedar clara: estamos hablando de una tecnología aún primitiva. Las redes neuronales son capaces de encontrar complejas correlaciones estadísticas en verdaderos bosques de datos, pero no mucho más que eso.

El camino de la inteligencia artificial, que pasará inevitablemente por nuevas soluciones, pero también por nuevos obstáculos y nuevos éxitos, promete convertirse en una ola imparable de progreso tecnológico. También en este caso, hay quienes lo santifican y quienes ven al diablo en él. La singularidad tecnológica se define como el cambio radical en la sociedad humana en el momento exacto en que una superinteligencia artificial desencadenará el inicio de un crecimiento tecnológico nunca antes visto en la historia, con su carga de incertidumbres y oportunidades. Ray Kurzweil, el tecnólogo jefe de Google y autor del libro *Cómo crear una mente*, es uno de sus más fervientes partidarios. Por el contrario, empresarios famosos como Bill Gates y Elon Musk, junto con Stephen Hawking y otros científicos destacados, se unen al Future of Life Institute de Boston, que se compromete a emitir la advertencia contraria: la inteligencia artificial es un «riesgo existencial». Puede poner en riesgo a la especie humana.

Como en el caso de las otras dudas sobre la evolución artificial y la genética de la inteligencia, no le toca a un pobre manual expresar juicios filosóficos que requieren libros y volúmenes mucho más sólidos y autorizados. Sin embargo, nos permitimos plantear una pregunta. Incluso antes que la tecnología, ¿no debería preocuparnos aquello que los humanos pueden hacernos con la tecnología? Los soldados biónicos o robóticos no son una fantasía: los laboratorios militares de las superpotencias llevan años trabajando en ello. La capacidad de utilizar el CRISPRcas9 para construir terribles armas biológicas no ha salido de libros de ciencia ficción, sino de la boca del director de los Servicios americanos. Por último, la posibilidad de que locos, delincuentes o terroristas lancen una ciberguerra a gran escala –hoy que las comunicaciones, las aerolíneas, los acueductos y los hospitales están conectados a la Red– es, lamentablemente, más concreta de lo que se piensa. Agrega las armas nucleares y el cambio climático, y vemos que el problema de la inteligencia artificial está en buena compañía.

Por otro lado, frente a estos desafíos, es posible que el mundo realmente necesite más inteligencia.

En las últimas décadas, gracias a las comunicaciones digitales, los cerebros humanos se han conectado como nunca antes en la historia, dando lugar a una especie de inteligencia planetaria que, precisamente en una esfera supranacional como la científica, está dando enormes resultados. Sin embargo, en la creciente complejidad de un mundo en el que ahora funcionan casi 8 000 millones de cerebros, podrían ser realmente necesarias algunas dosis más de inteligencia. Quién sabe.

Es inútil hacer la pregunta. La inteligencia artificial, esperamos que con las debidas precauciones, será perseguida en cualquier caso por una inteligencia natural que ha evolucionado a partir de los cerebros primitivos de hace quinientos millones de años.

Será la versión del sistema 5.0.

APÉNDICE

GARANTÍA

El producto no está cubierto de ninguna manera por ninguna garantía, ni siquiera parcial, nacional o internacional.

¡ATENCIÓN!

Antes de utilizar este producto, asumes todos los riesgos y responsabilidades asociados con su utilización.

Salvo que la legislación vigente lo prohíba explícitamente, tienes la libertad de transportar y utilizar el producto donde desees, respetando los límites térmicos (36-37 grados corporales), de altitud (5000 metros) y de presión. No hay un efecto sustancial en la falta de garantía si se sale de los límites operativos, pero debemos advertirte que los del sistema nervioso central podrían ser fatales.

Si consideras que el producto tiene fallos, comunícate sólo con los centros de asistencia especializados que se enumeran en el sitio web www.mscbs.gob.es

Existen pólizas de seguro de vida del producto en el mercado, pero te sugerimos que prestes atención a las cláusulas contractuales: no hay reposición, sólo devolución económica parcial. Además, el dinero será destinado a la beneficencia.

RESOLUCIÓN DE PROBLEMAS
(troubleshooting)

El cerebro no se enciende.	Compruébalo mejor. Si lees estas palabras, significa que está encendido. Después prepárate un buen café.
No se reinicia.	El botón de reinicio está desactivado en esta versión. Puedes efectuar un ciclo completo en modo *stand-by*. [▶99]
No se apaga.	Esta versión del sistema está siempre encendida y nunca debe apagarse. En su lugar, consulta las instrucciones para el modo *stand-by*. Advertencia: el sistema se apaga sólo al final de la vida del producto y por el momento no se puede reactivar. [▶241]
No entra en modo *stand-by*.	Sigue las recomendaciones de las páginas 99 y 104. Si no entra en modo *stand-by* después de 48 horas de intentarlo, llama a la asistencia de emergencias al número 061.
La Imagen está desenfocada.	Si utilizas lentes con regularidad (opcional), verifica que estén montadas correctamente. De lo contrario, llama al 061 para obtener ayuda.
La pantalla está completamente negra.	Intenta comprobar si hay fotones en la habitación. Si aún está todo negro, comprueba que no hay un apagón eléctrico. De lo contrario, llama al servicio de asistencia inmediatamente.

El sonido se escucha mal.	Si utilizas regularmente silenciadores auditivos (opcional), verifica que están desinstalados. De lo contrario, llama para pedir ayuda.
La memoria a corto plazo es demasiado corta.	Lee las instrucciones en las páginas 77 y 230.
No consigue aprender.	Eso es prácticamente imposible. El cerebro es una *learning machine* según sale de fábrica. Sin embargo, si nunca has llevado a cabo el procedimiento de desbloqueo, conocido como *growth mindset*, ve directamente a la página 84.
La motivación parece atascada.	Sigue las recomendaciones repitiendo el ciclo varias veces y el desbloqueo está 100% garantizado. En el supuesto caso contrario, revisa los términos de la garantía. [▶255]
A menudo se comporta de manera extraña.	Si te refieres a sobreexcitación, con latidos fuertes y tal vez sudor en las terminales de las articulaciones periféricas, te recomendamos que mantengas el estrés bajo control. [▶201] Si, por el contrario, te refieres a episodios de ira, consulta la página 181. En ambos casos, respira profunda, lenta y rítmicamente durante un minuto.

No se encuentra el menú.	Su cerebro es completamente automático, por lo que no necesita un menú, por ejemplo, para seleccionar la función «correr» para llegar al tren que está a punto de salir. La conexión de alta velocidad entre la corteza cerebral y las extremidades inferiores asegura una transferencia automática de comandos mentales en menos de 100 milisegundos. Si hubiera que esperar a realizar una selección de menú, el tren ya habría salido.
La función «pensamiento» está como ralentizada.	Asegúrate siempre de mantener la eficiencia básica del sistema con adecuadas fases de *stand-by*, inserciones regulares de agua y nutrientes saludables y ejercicio físico constante. Si tienes dudas sobre cualquiera de estas recomendaciones, consulta la página 104.

AVISO LEGAL

El título de este libro, *El cerebro. Manual del usuario*, sólo debe entenderse como una estratagema narrativa o como un divertimento, y no en un sentido literal. El objetivo de este pequeño volumen es informar al usuario medio de un cerebro *sapiens* sobre las principales características de la máquina cerebral que posee, a través de hechos, nociones y reflexiones que podrían ser útiles en el transcurso de su experiencia cerebral diaria.

El objetivo no es en modo alguno indicar cómo curar patologías ni dar consejos o proporcionar decálogos para la autoayuda.

También existe la obligación de informar sobre el hecho de que el manual fue escrito por un simple periodista, sinceramente apasionado por la ciencia, pero recién salido de estudios humanísticos. Sin embargo, esta información no te garantiza el derecho de rescisión.

El contenido del volumen es responsabilidad exclusiva del autor. Él mismo descartó la idea de recargar el manual con páginas y páginas de notas sobre las fuentes utilizadas, que en última instancia son los libros mencionados en el texto, la bibliografía recomendada [▶273] más las numerosas fuentes *on line* de artículos científicos revisados por expertos (como *Science* y *Nature*) y de ciencia divulgativa, incluidos Wikipedia, YouTube, Ted, Coursera y Khan Academy. En un intento por simplificar lo más complejo en unas pocas páginas, el autor ha procurado elegir la información más interesante y, entre las miríadas de controversias científicas, las posiciones que reciben más consenso entre los expertos o, en algunos casos muy raros, las que más le gustaban.

Es posible que el producto final no sea inmune al sesgo cognitivo. [▸198] Al respecto, se especifica que la responsabilidad del autor está reservada a los confines exclusivamente morales y no implica responsabilidad material por el uso indebido del producto. [▸255] La jurisdicción es la Primera Sala Civil del Tribunal de Wellington, Nueva Zelanda.

No mantenga este manual fuera del alcance de los niños.

EPÍLOGO

El origen del universo. La estructura de la materia. El misterio de la vida. La evolución de la inteligencia. Éstas son cuatro de las cuestiones más importantes a las que se enfrenta la ciencia moderna y que mantendrán ocupados a los científicos durante décadas y posiblemente siglos por venir. Sin embargo, creo que el problema de la inteligencia es el desafío de este siglo, al igual que lo fue la física en la primera mitad del siglo xx y la biología genética en la segunda.

Por increíblemente difícil que sea, comprender y replicar la inteligencia es sin duda el desafío más crucial de las cuatro. El motivo es que los avances en la resolución del problema de la inteligencia nos permitirán incrementar tanto nuestra inteligencia como la de nuestros ordenadores, ayudándonos a resolver los otros grandes problemas de la ciencia con mayor facilidad.

Hace apenas cien años, creíamos que la Vía Láctea era el universo, hasta que Edwin Hubble nos reveló que es sólo una de los aproximadamente 200 000 millones de galaxias existentes. Hace apenas setenta años, no sabíamos cómo funcionaba la maravilla de la transmisión hereditaria hasta que Francis Crick y James Watson descubrieron el código secreto escondido en cada célula. Desde entonces, la evolución de la ciencia casi ha duplicado la duración media de nuestra vida y ha multiplicado nuestro conocimiento. En otras palabras, ha agregado otros elementos a la evolución de la especie humana.

Está claro que la selección natural moldeó al hombre moderno con las mismas herramientas que produjeron los helechos y los baobabs, los insectos y los elefantes: los genes. Pero los genes no son suficientes para explicar la evolución de la inteligencia humana. También hay ideas, lo que el biólogo Richard Dawkins ha denominado «memes». Los memes, al igual que los genes, pueden competir o colaborar entre sí, pueden conservarse y pueden mutar. De hecho, las ideas se propagan como un virus: se replican, evolucionan, se seleccionan.

Las tecnologías desarrolladas por la humanidad, comenzando por el fuego y la rueda, se han convertido en una parte integral de su propia evolución, que ahora está indisolublemente ligada a la evolución cultural y tecnológica. Desde este punto de vista, podríamos decir que la humanidad se ha ido dotando progresivamente de una especie de supercerebro, una inteligencia global que va más allá de la individual. Sólo por poner un ejemplo, no hay persona en el mundo capaz de comprender (y fabricar) todos los microchips, todos los sistemas de energía y comunicación, así como todo el *software* que conforma un teléfono móvil moderno, que es millones de veces más poderoso que el ordenador utilizado por la NASA para las primeras misiones Apolo.

Estamos en el momento histórico en el que se inicia oficialmente el camino de la inteligencia artificial, y en particular del *machine learning*. La fusión de la neurociencia con la informática está destinada a infundir a las máquinas dosis crecientes de inteligencia, que pueden resultar fundamentales para la salud pública, la educación, la seguridad y, en general, la prosperidad de un mundo difícil llamado a tomar decisiones difíciles. Creo que en el futuro la inteligencia artificial contribuirá a mejores decisiones colectivas, además necesarias para afrontar los dilemas de un planeta completamente globalizado y literalmente transformado, no siempre de la manera correcta, por la humanidad.

Algunos podrían pensar que esta visión «cósmica» y futurista de la evolución de la inteligencia tiene poco que ver con un manual del cerebro para el usuario. Creo que es todo lo contrario. Es el conocimiento acumulado por generaciones y generaciones de cerebros lo que ha diseñado el mundo tal como lo conocemos. Sin embargo, como observa Marco Magrini, el usuario individual de la máquina neuronal no suele estar bien informado sobre los mecanismos que la hacen funcionar. Mecanismos extraordinarios, a veces impensables y contradictorios, cada vez más conocidos por la neurociencia, pero generalmente desconocidos para la mayoría de las personas.

En el siglo XXI, esta brecha debe salvarse. La escuela es responsable de proporcionar los contenidos de la educación sin enseñar qué es esa intrincada máquina biológica que se usa para aprender y cómo funciona. Conocer los procesos electroquímicos detrás de las emociones y los sentimientos, pero también de la motivación o de la creatividad, no resta valor a los placeres (o penas) de la vida: más bien puede ayudar realmente a vivir de manera más consciente. Personalmente, espero que un número cada vez mayor de personas, comenzando por los representantes políticos de las naciones, sepan lo que sabemos hoy y se preparen para cambiar de opinión a partir de lo que sabremos mañana.

Así como Copérnico, Galileo y Hubble cambiaron la comprensión de nuestro lugar en el universo, una cosecha extraordinaria de descubrimientos neurocientíficos está arrojando luz sobre lo más complejo y asombroso del universo mismo: el cerebro humano. En este libro, que tiene la suerte de ser incluso divertido, se resume muy bien.

TOMASO POGGIO,
director del Center for Brains, Minds and Machines, MIT.

ÍNDICE ANALÍTICO

BIBLIOGRAFÍA RECOMENDADA

BRYNJOLFSSON, E., MCAFEE, A.: *La nuova rivoluzione delle macchine. Lavoro e prosperità nell'era della tecnologia trionfante*. Feltrinelli, Milán, 2015.

BURNETT, D.: *El cerebro idiota. Un neurocientífico nos explica las imperfecciones de nuestra materia gris*. Booket, Barcelona, 2019.

NICHOLAS, C.: *¿Internet nos hace estúpidos?* Movimiento Cultural Cristiano, Madrid, 2016.

FRANCIS, C.: *La búsqueda científica del alma*. Debate, Barcelona, 2003.

DAMASIO, A.: *El error de Descartes: la emoción, la razón y el cerebro humano*. Destino, Barcelona, 2018.

DAWKINS, R.: *Il più grande spettacolo della Terra. Perché Darwin aveva ragione*. Arnoldo Mondadori Editore, Milano, 2010.

DENNETT, D.: *La evolución de la libertad*. Paidós Ibérica, Barcelona, 2004.

DOIDGE, N.: *Il cervello infinito. Alle frontiere della neuroscienza: storie di persone che hanno cambiato il proprio cervello*. Ponte alle Grazie/Adriano Salani editore, Milán, 2007.

DUHIGG, C.: *El poder de los hábitos: por qué hacemos lo que hacemos en la vida y en el trabajo*. Vergara, Barcelona, 2012.

DWECK, C.: *Mindset: la actitud del éxito*. Sirio, Málaga, 2017.

FOER, J.: *Los desafíos de la memoria*. Booket, Barcelona, 2013.

KURZWEIL, R.: *La era de las máquinas espirituales*. Planeta, Barcelona, 1999.

—: *Come creare una mente. I segreti del pensiero umano*. Apogeo Next, Milán, 2013.

MARCUS, G.: *Kluge. La azarosa construcción de la mente humana*, Ariel, Barcelona, 2010.

MARKOFF, J.: *Machines of loving grace. The quest for common ground between humans and robots*, HarperCollins, Nueva York, 2015.

MLODINOW, L.: *Subliminal. Cómo tu inconsciente gobierna tu comportamiento*. Crítica, Barcelona, 2012.

NEWPORT, Cal.: *Deep work. Rules for focused success in a distracted world*. Piatkus, Londres, 2016.

O'SHEA, M.: *The Brain: a very short introduction*. Oxford University Press, Oxford, 2005.

OAKLEY, B.: *Abre tu mente a los números: cómo sobresalir en ciencias aunque seas de letras*. RBA Bolsillo, Barcelona, 2018.

PUNSET, E.: *El alma está en el cerebro*. Debolsillo, Barcelona, 2007.

RIDLEY, M.: *Nature via Nurture. Genes, experience and what makes us human*. Fourth Estate, Londres, 2003.

SACKS, O.: *Musicofilia. Relatos de la música y el cerebro*. Anagrama, Barcelona, 2015.

SAPOLSKY, R. M.: *The trouble with testosterone. And other essays on the biology of the human predicament*. Scribner, Nueva York, 1997.

SHERMER, M.: *Por qué creemos en cosas raras: pseudociencia, superstición y otras confusiones de nuestro tiempo*. Alba, Barcelona, 2008.

TONONI, G.: *Un viaggio dal cervello all'anima*. Code, Turín, 2014.

WRIGHT, R.: *Nadie pierde. La teoría de juegos y la lógica del destino humano*. Tusquets Editores, Barcelona, 2005.

ÍNDICE